U0278820

建筑形态构成
审美基础

Basic Architecture Form Aesthetics

主编 李钰

主审 王军

中国建材工业出版社

图书在版编目（CIP）数据

建筑形态构成审美基础 / 李钰主编. —北京：
中国建材工业出版社，2014.8（2019.9重印）
ISBN 978-7-5160-0848-5

Ⅰ. ①建… Ⅱ. ①李… Ⅲ. ①建筑美学
Ⅳ. ①TU-80

中国版本图书馆CIP数据核字(2014)第116011号

内容简介

本教材以如何提高建筑学学生的空间造型审美能力为切入点，深入剖析美感的产生及其影响因素，归纳总结出"建筑形态美"的诸多特性，揭示现代主义审美标准的产生及其内涵，并以生动的实例进行细致的辨析和阐释。同时，为了让学生深入体会现代主义建筑美学的基本原理和构图规则，设置了由易到难的七个作业，在提高学生动手能力及手眼协调能力的同时，还能使其更加全面、准确地理解现代主义审美的内涵，力求让学生树立起相对全面的审美观念，提高美学修养，掌握塑造空间的基本能力。

本书可作为普通高等院校建筑学及相关专业的教材，也可供建筑设计等从业人员参考。

建筑形态构成审美基础

李　钰　主编

出版发行：中国建材工业出版社
地　　址：北京市海淀区三里河路1号
邮　　编：100044
经　　销：全国各地新华书店
印　　刷：北京中科印刷有限公司
开　　本：787mm×1092mm　1/16
印　　张：8.25
字　　数：206千字
版　　次：2014年8月第1版
印　　次：2019年9月第3次
定　　价：53.80元

本社网址：www.jccbs.com　　　微信公众号：zgjcgycbs
本书如出现印装质量问题，由我社市场营销部负责调换。联系电话：（010）88386906

本 书 编 委 会

主　　编　李　钰

副 主 编　王　琪　　王　非　　王　兵

主　　审　王　军

编写人员　李　钰　　王　琪　　王　非　　王　兵

　　　　　　吴　锋　　靳亦冰　　王　琰

前　言　PREFACE

　　根据建筑学专业本科（五年制）教育评估标准，建筑学专业的本科生毕业时在美学修养方面应该达到的水平包括：掌握建筑美学的基本原理和构图规则，掌握通过空间组织、体形塑造、结构与构造、工艺技术与材料中表现建筑艺术的基本规律。要达到这样的水准，学生要经过系统的美学基础训练，除了要学习素描、色彩等绘画基础课程外，更重要的是接受立体空间的组织训练。形态构成课就是这样一门旨在帮助学生建立审美体系、提高美学修养、掌握空间塑造的重要专业基础课程，它培养的是从事建筑设计的核心能力——空间创造能力。

　　本课程不仅阐述了各个历史时期不同的美的标准，同时还将美的本质进行相当程度的探讨，以帮助初学者树立正确的美学观念，并掌握现代主义的审美标准。另外，本书还根据现代主义的美学标准，设置了由易到难的七个作业，在提高学生的动手能力及手眼协调能力的同时，还能使其更加全面、准确地理解现代主义审美的内涵。通过这门课的学习，学生将会建立起现代主义的审美标准和审美情趣，并掌握一定的美学原则和构图手法。通过各种形体和空间的组合创造，学生和教师就会拥有共同的审美平台，在这样一个思维认识的平台上，双方交流起来障碍就会小得多，思想和创造的火花就可以互相碰撞、共激，实现"教"与"学"的共同提高。

　　本教材适用于建筑学低年级学生使用，同时也可为社会普通大众所使用，提高美学修养品位，增强其对建筑的认识。本书第一章由王兵、李钰编写；第二章由王琰、李钰编写；第三章、第四章由王琪、李钰编写；第五章、第八章、第九章由王非、王琪编写；第六章由吴锋、王非编写；第七章由靳亦冰、王非编写；第十章由李钰、王琪编写。其中王琪、王非、王兵来自西安交通大学，李钰、王琰、吴锋、靳亦冰来自西安建筑科技大学。

　　在本书的酝酿及编写过程中，西安建筑科技大学建筑学院的王军教授给予了编写小组非常中肯的建议和热情洋溢的鼓励，在此真诚地表示感激，并致以崇高的敬意！同时感谢支持和帮助本书写作的同事、朋友和亲人！在本书的校对修改过程中，冯璐、党群、王春梅给予了热情的帮助和建设性的意见，在此表示衷心的感谢！

编　者

2014 年 5 月

CONTENTS

目 录　CONTENTS

1 形态构成概说

1.1 形态构成释义

从语法上看，形态构成是由"形态"和"构成"两个词所组成的联合词组，很明显它包含"形态"和"构成"两个方面。

"形态"就是指事物在一定条件下的表现形式和组成关系，包含形状和情态两个方面。从人的主观心理体验来看，一定的形状总会表现出某种表情和意义，从而引起人们心理上的某种呼应。因此，如何使形态具有影响人们心理和情绪的能力是构建形态的重要方面。

对形态的研究包括两个方面，不仅指物形的识别性，而且指人对物态的心理感受。对事物形态的认识既有客观存在的一面，又有主观认识的一面，既有逻辑规律，又是约定俗成。对自然形态是如此，对人为的设计形态更是如此，通过对事物形态的整合，体现物形的逻辑关系和形态的符号意义。

人们对形态的好恶、取舍和设计，取决于人们对形态的生理和心理上的需求，这便是形态设计中的使用功能和精神功能问题。而这两种功能都是与设计对象的形态直接关联的。对于形态、符号及其意义的这种认识，是对形态本质的认识。这种认识将有利于加深对设计中形态语言及其语法关系的理解。

"构成"是指将各种形态或材料进行分解，作为基本要素重新赋予秩序组织。"构成"的概念与"构筑"相近，强调从"要素进行组合"。中国古代哲学家老子在《道德经》中有这样一句话："朴散则为器"，其中"朴"是指未经加工的木材，无刀斧之断者为"朴"，而"散"即为分解之意。整句的意思是说将原始材料分解为一些基本物质要素，才能组合起来，制成各种器具。这句话充分说明了事物形态的形成规律，把要素进行组合是造型活动的基本手段。把观察和设计中看到的现象符号化、抽象化成基本要素，进行组织编排的过程，就是对形态构成元素构建设计的过程。

构成的概念认为，一个设计形态，只要把基本要素形态按关系元素组织起来，即可形成。形态设计工作无非就是综合地把这些要素加以变化组合，从而形成千姿百态的设计形态。

所以，"形态构成"整体的意思就是：运用抽象的基本要素单元，经过组织编排，构建出新的内外形态，既满足实用功能的需求，又能表达出某种表情和意义，满足人们心理上的需要。

1.2　设计与形态构成的关系

劳动是人类用来改造世界、创造文明的重要手段，其目的包含两个方面，即创造物质财富和精神财富，而这两者的总和即为文化。其中最基础的、最主要的、数量最多的创造活动便是造物。造物活动就是人们使用实际材料（包括工具）制造物品的过程，而设计就是对造物活动进行预先的计划和安排，可以把任何造物活动的计划技术和计划过程均理解为设计。

在这些造物的工作中，"形"是非常重要的因素。"形"是具体的、可见的、可触摸到的，从而"形"便包括了形状、大小、色彩、肌理、位置和方向等可感知的因素，人们在造物过程中如果主动的对这些因素进行研究，对材料和物体进行加工、组织、整合，那么这种活动便称为"造型"。我们把那些兼备实用和美的功能目的的造型活动称为设计。设计的目的就是实用的美的造型。

"设计"就是把思想上的意图表达成可见的内容，创造事物在一定条件下的状态，从而体现这种活动的功能目的。"造型"活动的全部"计划"，即我们所说的设计。设计的本质是造型计划的视觉化。

设计创造的目的不是创造用形态体现的逻辑，而是创造隐喻了逻辑的形态。必须把各种思维元素联结成新的形象系统，把逻辑外化为形态方能实现。在这种特殊的思维过程中，形象的思维和逻辑的思维是同样重要的。把思维元素联结为"新的形象系统"的过程，对于设计过程至关重要，体现了两种思想形式的渗透。设计中设计对象形态的构成过程即上述"新的形象系统"的建立过程，形态构成是设计各思维元素的结合。如果用现代系统工程的理论来阐述的话，"形态构成"是设计这个造型计划系统的目标函数，而实现功能目的的技术经济手段和社会文化背景则是约束条件。目标函数——"形态"实现了，任务书上抽象的功能目的也就落到了实处。这种把各种思维元素联结为新的形象系统的思维过程即设计。

但是，对基本要素进行组织综合的思维过程不是随意的、盲目的，而是要必须遵循一定的审美规律，这样才能保证最后形成的视觉形态能够为人们所接受和喜爱。形态构成的设计过程就是选择的过程，而选择的过程其实就是审美的过程，所以"美"或"不美"就是形态构成过程中的控制因素，它决定形态的层次和品位。

有关建筑形态的构成设计，相比较而言，将涉及更多的影响因素，编排组织的思维过程也会更加复杂，因此必须对相关的视觉审美规律和构图原则进行深入的了解，才能更加有效地协调各个要素，生成美的造型。

1.3 建筑形态构成释义

1.3.1 建筑与建筑形态

"实用"、"坚固"、"美观"是构成建筑的三个基本要素。尽管建筑设计需要解决其中的诸多问题，例如满足基本功能需求、采用合理技术、可行的经济方案、建筑与环境关系等。不可否认的是，建筑为大众所感知最终总依赖于具体的实体形态表现，建筑形态的美观也是三要素中最富艺术感染力和最能打动观众的篇章。无论是神秘的古代埃及神庙、文艺复兴的大师杰作，还是雄伟的近代摩天大楼，无不生动地体现了这一永恒规律。因此，建筑形态的建构一直是建筑设计的重要环节和设计师追求的目标之一，更是莘莘建筑学子所应掌握的基本设计技能。那么，怎样从具体作品中品析、认识建筑形态？同时，在设计过程中又如何建构高品质的建筑形态呢（图1-1～图1-4）？

作为建筑师的作品而言，建筑形态肩负着建筑师书写创作意图和读者解读设计思想的双向任务，是建筑师与建筑使用者之间的一座沟通桥梁，由于人们的审美背景存在差异，因此往往对建筑形态的理解也各不相同，甚至大相径庭。作为时代的产物而言，各个历史时期的建筑形态往往深受这一时期的主流审美意识的影响。为了实现建筑作为时代"日志"的历史记录功能，并以此展示人类文明的发展历程，一位位建筑大师们前赴后继，力求使自己的建筑作品反映出其建造时代的文化特征，并以此来引领新时代文化艺术的走向。而这些作品中记录的文化信息也能成功地唤起后人头脑中对那个特定时代背景下某一文化特征和社会心理的无限追忆和遐想。

因此，对建筑形态的理解和认知，必须置身于研究对象所处的特定环境中去审视，置身于设计师设计思想的整体脉络中去思考，才能取得较为系统、全面和客观的认识。

图1-1　天坛祈年殿

图1-2　帕提农神庙

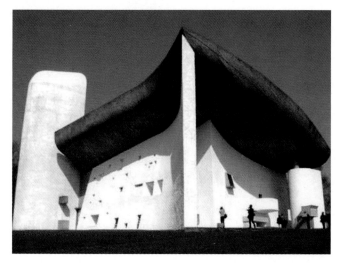

图1-3　朗香教堂　勒·柯布西耶

图1-4　西格拉姆大厦
密斯·凡·德罗

1.3.2　建筑形态分类

　　建筑形态通常是指建筑内在的空间本质在一定条件下的表现形式和组成关系。建筑形态作为传递建筑信息的第一要素，它能使建筑内在的质、组织、结构、内涵等本质因素上升为外在表象因素，并通过视觉、触觉使人产生一种生理和心理共鸣的过程。从人对其外部的视觉感受来看，建筑形态包括形状和情态两个方面，从其本质构成来看，建筑形态包括外在实体形态和内在空间形态两个方面，是由实体和空间组成的整体概念。

　　建筑外部形态主要反映建筑的外形、体量，外部装饰窗、墙等的组合方式，建筑语言符号的运用等要素及其相互关系，即通常意义上的建筑形体或造型，其意义接近英文的"shape"或"figure"，多是我们眼见的形状本身，也就是说它是表示表面形状的词语，主要以视觉思维的感性感受为表征（图1-5～图1-7）。

图1-5　威尼斯总督府

图1-6　瑞士提契诺州卢加诺市兰希拉
一号办公楼　马里奥·博塔

　　建筑内部形态则主要反映建筑内部空间关系、空间构成、装饰风格、建筑结构特征等深层次要素，其意义接近英文的"form"，更多地融入了"文化"等物质要素。形态在肉眼所见的基础上，包含着在组成这种形状的时候具备怎样的规律的意思，因此强调感性感受与理性认识并重，更着重于具备某种规律的意味（图1-5～图1-11）。

图1-7　巴塞罗那米拉公寓　安东尼·高迪

图1-8　朗香教堂室内　勒·柯布西耶

图1-9　德国议会大厦

图1-10　法国维勒班市公共图书馆中庭
马里奥·博塔

图1-11　美国加利佛尼亚州佳登格勒佛
水晶教堂中庭　菲利普·约翰逊

建筑内、外部形态是统一整体的两个方面，相互影响、相互制约，不可偏废。首先，研究建筑的外形不可能脱离建筑内部条件而存在。"皮之不存，毛将焉附"，所以建筑的外形将被放在整体建筑之中来看待，而不能被抽象出来单独看待。其次，对客观建筑的实体研究，离不开对人们主观世界的探索。建筑形态本身就带有这层意思。《说文解字》上说："形者象也"，"态者意也，从心，从能"。所以"形"字代表了事物的客观存在，"态"字则说明了另一个主观世界的存在。形与态的结合强调了建筑形态的统一与调和，印证了视觉几何性与客观规律性相结合的必然性，以及主客观世界同等的重要性。

为了创作出独具特色的建筑形态，建筑师们不断探求，使观察体验（形体的感受）、发现创新（形象的理解）、表象构建（形态的表达）融为一体，建筑师们力求由表面状态描写深入到内在本质的挖掘，由瞬间的现象表达过渡到分析、构建的把握，使得形态语言被充分的利用，来更多的承载信息，起到沟通交流的作用。

1.3.3　建筑形态与建筑构成

构成是一种近代造型概念，最先起源于德国包豪斯，发展于 20 世纪 60 ～ 70 年代。它顺应了当时大工业发展的趋势，结合新发展的现代抽象艺术特点，成功探讨并解决了日益尖锐的大工业生产方式和美的形式之间的问题。

所谓构成是指将各种形态或材料进行分解，作为素材重新赋予秩序组织，这种造型概念已远非一种构图原理，而是以形态或材料等为素材，按照美学原则、力学或心理物理学原 理进行的一种组合，具有纯粹化、抽象化的特点。

建筑构成，则是通过确定各个要素的形态与布局，并把它们在三维空间中进行组合，从而创造出一个整体。如果以构成的角度审视，现代建筑的基本倾向是几何抽象性，它除去了传统建筑琐碎的装饰，抛弃了僵化的教条，也拒绝了附着在它上面的文化、历史等其他外在的含义。同时，它也早已抛弃了墙体、柱、窗等作为建筑元素的含义，而完全代之以构成的概念。这里只有作为形式元素的点、线、面、体，建筑就只是这些元素的合理拼合构成（图1-12）。如墙体在空间中可以理解成面，在二维平面则可理解成线；同样，柱子在空

图 1-12　共产国际纪念碑　　塔特林

间是一种竖向的线条，而在平面是点；而窗户在空间看来似乎是面和面的缝隙，或是一种具有特殊效果和特殊性能的面，它平整光洁、晶莹剔透，同时具有反光和透明的特性。

近代建筑构成手法丰富了建筑形态的视野与领域，无论对外部形态的动态处理，还是对建筑内部空间的认识与重构，揭开了形态创作的一页新篇章（图 1-13 ～图 1-15）。

图 1-13　荷兰乌德勒支市施罗德住宅　　　　图 1-14　法国拉维莱特公园　　伯纳德·屈米
　　　　　里特维德

图 1-15　住宅　　彼得·艾森曼

2 形态审美的发展演变

2.1 审美发展演变的历史

2.1.1 审美活动与人类活动的关系

审美活动是人与动物与生俱来的基本活动之一，它决定了"选择"和"取舍"，这一点在动物的择偶过程当中表现得尤为突出，因此审美是人和动物的自然属性之一，也是本性的重要体现，所以审美与人是密不可分的，审美的历史和人类发展的历史几乎一样漫长。一个部落或一个民族在发展过程中可以没有国家，没有宗教，没有文字，没有历史，没有军队……但却绝不可以没有艺术，因为艺术是文化的核心内容，是族群积聚的内在驱动力。而艺术的核心内容则是审美，它为人和动物提供了最基本的评价与判断，决定了他们的选择，进而决定他们的行动。

2.1.2 审美的演变与人类历史的关系

审美演变的历史与人类历史是互相对应关联的。

人类历史大致可以分为三个阶段：

从 200 多万年前的旧石器时代到公元前 3000 年苏美尔文化和古埃及第一王国建立，为第一阶段原始社会，是人类漫长的原始文化时期。审美也处于原始的萌芽状态，自发本能的成分较多，因而创造的张力也最大。

从公元前 3000 年到 19 世纪末，是人类文明发展的成熟阶段，包含奴隶社会和封建社会。它们都以农业和手工业为主要的生产方式，因此我们把这一时期称为农业社会。在农业社会中，人类文明充分发展，形成了比较完整的文化系统。审美作为哲学的重要组成部分形成了系统的理论和与之相应的实践活动，这一时期的审美被称为古典主义审美。

19 世纪末开始于西方的工业革命开创了工业文明的新时代，西方也率先进入了资本主义社会。工业化生产是这个阶段的主要生产方式，它深刻地改变了所有的传统，积极寻求属于自己的表达方式。审美理论这时候也突破了古典主义审美的束缚，呈现出百家争鸣的状态，各种流派积极探索，基本上都在自己所寻得的基点上，建立了比较完整的审美体系，适应了工业化时代对审美理论的新需求。这一阶段的审美我们称之为现代主义审美。

本书要重点讨论的就是在现代主义审美背景下的建筑审美，介绍其内涵和表象，阐述其原则和手法，在与古典主义审美的对比当中归纳出如何在建筑设计中实际应用现代主义审美理念。

2.2 美的定义及其内涵

要进行审美，必须首先知道什么是美，然后才能"审"之，那么到底什么是美呢？

我们无意重复美学发展的历史，也无意比较各个流派的观点及其异同，我们只考虑美学在我们这门课中的应用，研究如何使建筑空间和建筑造型更加悦目。

美学有很多流派，正由于大家对美的含义都有着各自不同的理解，所以到目前为止，学术界还没有一个普遍为大家所接受的定义。在我们这门课中，美的定义更倾向于视知觉、实验美学与审美心理学等方面。

从广义上讲，所谓美其实就是一种心理体验，是人所产生的一种愉悦的心理体验。刺激人产生心理愉悦感的对象可以是具体的实体形象和行为动作，也可以是抽象的心理活动（如回忆、想象、幻觉等）。总之一句话，凡是能够引起人愉悦的心理体验的一切外界刺激，我们都可以称之为美。可以说这个定义十分宽泛，既包含了人文艺术宗教的各个方面，也包括个人生活习惯的爱恨喜恶。对于某个具体的自然人个体而言，只要不妨碍影响其他人，他的任何行为爱好都是自己个人范围的事，是被法律所允许和接受的。然而，上述定义中的"人"并不仅仅是指某个具体的自然人，而更多的是指统计意义上的人的集合体——人类或人类社会。所以，美的定义可以这样解释：能够使某个可构成社会的人类团体的大多数成员产生愉悦的心理体验的刺激。其中最小的可构成社会的人类团体是"部落"，它包含了构成人类社会的全部要素。从这个定义可以看出美具有一定的稳定性和一定的标准——被社会中的大多数成员所认可和接受，并在实际生活中加以自觉或不自觉应用；同时，美也具有一定的可变性——还有一部分社会成员对美有自己独特的认识和理解。

美既然与人相关，那么人的相关特点属性就一定会反映在美的相关特征中。

首先，我们所指的美仅仅是"人"所能观察理解体验到的心理感受，而如果"人"感受不到，则无所谓美，任何的对象和刺激也仅仅只是一种客观存在而已，而客观存在只是物质的存在方式，没有任何的优劣美丑之分。从这一点来说，美是唯心的，是纯主观的，美是人赋予客观存在的一种心理属性，人存在，美才存在，正所谓"心外无物""美由心生"，根本不存在什么可以脱离人类而存在的美，就像灵魂不能脱离肉体而独立存在一样，所谓"永恒的美"仅仅是人类一种情绪的表达而已。举个例子：像黄山这样的名山自人类发现以后，黄山引起的心理愉悦比其他的山引起的心理愉悦更加强烈，于是情不自禁地赞美它、歌颂它，并在人类社会范围内广为宣传，互相交流，各种文章随笔、图画丹青层出不穷。在比较中，黄山得到了人类社会中的大多数成员的认可和追捧，于是黄山便成了天下名山。可见美不美的问题完全是人类社会自己内部的事情，赞美也罢，质疑也罢，完全和黄山没有关系，黄山依旧是黄山。可见人类有着自己一套独有的美的体验标准，达到什么样的标准，才会得到什么样的赞扬。

美既然是人的一种主观心理属性，那么人有多复杂，美就有多复杂。就"人"的复杂性而言，首先就是人的生物属性，这是人最简单的属性，生物学和医学在这方面有详尽的论述，故不赘言。在人体的众多"器官"中，感觉器官是感知美的主要功能体，是客观刺激的接收装置，它们对外界刺激进行探测、接收、加工，生成何种信号，人类的大脑就感受何种信号，由于受其本身器官结构的制约，感觉器官都有各自工作的范围，只有在工作范围内的刺激才能被感知，大脑也才会对其产生反应。例如人类的正常听觉范围是 20 ～ 20000Hz，视觉范围是 400 ～ 800nm 波长，嗅觉范围是大约 200 种不同的气味，所以人类感觉器官本身的结构制约和工作范围就是美的存在范围。而作为一个物种，所有正常人类个体感觉器官的结构和功能都是基本相同的（有残疾和有通感的特殊人类个体除外），因而对于美的一些基本的感受和判断也是一致的。这种单纯由人体器官结构所决定的美的感知是相对比较客观的，在人群中具有普遍性，我们称之为美的感官客观性。它与美的主观唯心性并不矛盾，而是从属于美的主观唯心性的，它是美在整体主观唯心的情况下，获取刺激信息过程中的局部客观性。

2.3　审美与视知觉

就建筑专业而言，美的局部客观性主要体现在视知觉上。视觉由眼睛产生，眼睛是人类感知并获取形象刺激的器官，其生理构造主要包括角膜、虹膜、瞳孔、晶状体、睫状肌、玻璃体、视网膜等，视网膜上有两种感光细胞（柱状细胞、锥状细胞）、中央窝和视盘。眼睛主要作用是感知 400 ～ 800nm 波长范围内的电磁波的刺激，在视网膜上聚焦形成影像后由感光细胞将光刺激转化为神经讯号并传至大脑，由大脑再将神经讯号进行识别加工，整理出对象的形象，这个过程就是我们所说的视觉（图 2-1）。400 ～ 800nm 波长范

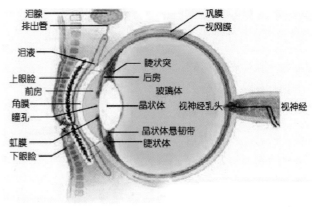

图 2-1　视网膜构造

围内的电磁波由于可以被眼睛所"看见",所以被称为可见光。

视网膜是眼睛的主要作用区域,它不仅感光,而且感色,是把光信息转换为电信息传递给大脑皮质视区的接收器。其上约有12000万个柱状细胞和700万个锥状细胞,柱状细胞灵敏度高,能感受极微弱的光,但视物无色觉而只能区别明暗,且视物时只能有较粗略的轮廓,精确性差,主要分布于视网膜的周边地区,主暗视觉;锥状细胞灵敏度较低,只有在类似白昼的强光条件下才能被刺激,但能很好地区别颜色,且对物体表面的细节和轮廓境界都能看得很清楚,有高分辨能力,主要集中于视网膜的中央凹,主明视觉。中央凹位于视网膜黄斑中央处,其外径约1.5mm(视角5°),下凹的底部直径约0.3～0.4mm(视角约1°20′),它几乎集中了全部的700万个锥状细胞,排列密度非常大,而且没有柱状细胞,是视觉最敏锐的部位,在中央凹的边缘才开始有柱状细胞,再向外,柱状细胞逐渐增多,锥状细胞则大幅度减少以至于稀少。因此,人眼的视野范围虽然很大,但能够清晰分辨的范围却十分有限,需要不断地转动眼球甚至脖子以使对象成像于中央凹处。另外,人从亮处进入暗室时,最初看不清楚任何东西,经过一定时间,视觉敏感度才逐渐增强,恢复了在暗处的视力,这称为暗适应。相反,从暗处初来到亮光处,最初感到一片耀眼的光亮,不能看清物体,只有稍待片刻才能恢复视觉,这称为明适应。眼睛的基本生理结构功能就是这样,这种生理结构有效地保证了对客观形象的提取,而对形象信号的识别加工整理则由大脑来进行,"看见"这一生理功能其实是由眼脑共同完成的。

眼脑在协作完成"看"这一动作时,具有如下特性:

(1)整体感。视觉形象首先是作为统一的整体被认知的,而后才以部分的形式被认知,也就是说,我们先"看见"一个构图的整体,然后才"看见"组成这一构图整体的各个部分。眼睛的能力只能接受少数几个不相关联的整体单位。这种能力的强弱取决于这些整体单位的不同与相似,以及它们之间的相关位置。如果一个图形中包含了太多的互不相关的单位,眼脑就会试图将其简化,将各个单位加以组合,使之成为一个知觉上易于处理的整体。如果办不到这一点,整体形象将继续呈现为无序状态或混乱,从而无法被正确认知,简单地说,就是看不懂或无法接受。因而眼脑作用实际上是一个不断组织、简化、统一的过程,正是通过这一过程,才产生出易于理解、协调的整体。这也是人们的审美观为什么对整体与和谐总是具有一种基本要求的原因。

所以,设计师在进行艺术创作的时候,作品所呈现出来的整体感与和谐感是十分重要的。无论是设计师本人或是观者,都不欣赏那种混乱无序的形象。一个很差的形象通常都是缺乏视觉整体感、和谐感的形象,产生的视觉效果是缺乏联系、细节零散而无整体性,破坏了人们的视觉安定感,给人总的印象是"有问题"。这样的视觉形象势必为人们所忽视,乃至于拒绝接受。

(2)完形。大脑视觉中枢能够把由眼睛所采集的局部形象当作一个整体的形象来感知。当然，由一个形象的局部而辨认其整体的能力，是建立在头脑中留有对这一形象的整体与部分之间关系的基础之上的。也就是说，如果某种形象即使在完整情况下我们都不认识，则可以肯定，在其缺乏许多部分时，我们依然不会认识。如果一个形象缺的部分太多，那么可识别的细节就不足以汇聚成为一个易于认知的整体形象。而假如一个形象的各局部离得太远，则知觉上需要补充的部分可能就太多了。在上述这些情况下，人的习惯知觉就会把各局部完全按其本来面目当作单独的单元来看待。

（3）删除（也称为单纯化）。删除就是从构图形象中排除不重要的部分，只保留那些绝对必要的组成部分，从而达到视觉的简化。任何有效的、吸引人的视觉表达，并不需要太多复杂的形象。许多经典的设计作品在视觉表现上都是很简洁的。在实际的设计创作过程中，必须留意在设计中是否添加了任何与你预期的表达相抵触的多余东西。如果有则应排除，以改进你设计上视觉表达的单纯性与简洁性。

（4）图底关系。图形与背景之间的互换关系，指一个物体或形状与背景的联系方式，我们是根据背景来看这个物体或形状的。人类视知觉通常有个方式，即图看起来显得前凸，处于底子的前面，底子后退，成为衬托的背景。但这也不是绝对的，在视知觉的调节下，图与底之间可以互相转换，即一部分图形既可以前凸成为图，也可以后退成为底，关键在于我们想看什么，这种视觉上的选择性就称为图底关系（图2-2～图2-3）。

图2-2　图底关系一：杯子与人脸

图2-3　图底关系二：女性头部
与吹萨克斯风的男人

（5）黄金分割比。黄金分割最早见于古希腊和古埃及。黄金分割又称黄金率、中外比，即把一根线段分为长短不等的a、b两段，使其中长线段与整段线（即 a+b）的比等于短线段b对长线段a的比，列式即为a：(a+b) = b：a，其比值为 0.6180339……这种比例在造型上比较悦目。因此，0.618 又被称为黄金分割率。这个比例其实广泛存在于自然界当中，如植物叶片的生长位置，动物身体各部分的比例都是接近黄金分割比的，可以说这是自然选择的结果，因此这样的比例能对人的视觉产生适度的刺激，正好符合人的视觉习惯，会使人感到非常悦目。在艺术创作领域里，黄金分割率和黄金矩形能够给画面带来美感，令人感觉舒适愉悦，因此在建筑、设计、绘画等各方面被广泛地应用（图2-4）。

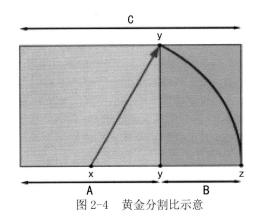

图 2-4 黄金分割比示意

（6）视觉暂留。物体在快速运动时，当人眼所看到的影像消失后，人眼仍能继续保留其影像 0.1～0.4s 左右的图像，这种现象被称为视觉暂留现象，是人眼的一种功能属性。人眼观看物体时，成像于视网膜上，感光细胞将光刺激转变为神经讯号，并由视神经输入人脑是需要一定时间的，因此当物体移去时，视神经对物体的印象不会立即消失，而要延续 0.1～0.4s 的时间，人眼的这种性质被称为"眼睛的视觉暂留"。电影就是根据视觉暂留的特性，每秒播放 24 帧静止画面，从而使人眼觉得画面好像是连续的。

（7）似动。人们把客观上静止的物体看成是运动的，或者把客观上不连续的位移看成是连续运动的现象。例如在黑暗中，如果注视一个细小的光点，人们会看到它来回飘动，这叫自主运动；在皓月当空的夜晚，人们只觉得月亮在"静止"的云朵后徐徐移动。这种运动是由实际飘动的云朵诱发产生的，因而叫诱发运动；在注视倾泻而下的瀑布以后，如果将目光转向周围的田野，人们会觉得田野上的景物都在向上飞升，这叫运动后效。在所有这些场合，看到的运动都不是物体的真正位移，都是似动现象。霓虹灯的运动闪烁效果就是似动现象的具体应用，当前一个灯熄灭的时候，后一个灯恰巧点亮，于是人眼就感觉好像是一个灯从前一个位置运动到后一个位置。

图 2-5 错觉一
（互相平行的水平线在黑色小方格的影响下好像不平行了）

（8）错觉。错觉是歪曲的知觉，也就是把实际存在的事物被歪曲地感知为与实际事物完全不相符的事物。同样一件东西，我们用眼睛看到的，往往与实际测量的结果不同，这就叫眼睛的"错觉"。它算不上是一种错误，但是不论我们多么仔细看，仍然会发生这种情形。这种现象在任何一个视力正常的人身上都会发生，不会因为个体的差异而有所不同，是眼睛的另一项基本功能属性（图2-5和图2-6）。

图 2-6 错觉二
（似动错觉，圆环好像在转动）

以上这些就是眼脑在协作完成"看"这一动作时具有的一部分主要的知觉特性，另外还有其他许多的知觉特性正在研究探索中。这些主要的特性每个人都有，无一例外，因此大家才会有共同的视知觉感受，它们跟文化背景、知识水平等完全无关，仅仅是脑眼在处理刺激信号时的本能反应。现代主义运动中风格派的代表人物蒙德里安就是只利用眼脑的知觉特性来进行画面组织，在他的作品中，几何形体和纯粹色块是组合构图的主要元素，注重各元素之间的比例关系，从而达到吸引眼球的目的。这样的作品几乎不带有什么主观意识和文化意味，对任何人的视觉刺激都是一样的，因而普遍适用于全世界的人（图2-7～图2-9）。

图2-7　蒙德里安绘画一　　　　　　　　图2-8　蒙德里安绘画二

图2-9　蒙德里安绘画在服装设计领域的应用

2.4 审美与社会学

美是人的一种主观心理属性，与人们的文化背景、知识水平等主观要素密切相关，与人的社会属性有着直接的因果关系。

2.4.1 美的民族性

任何人都不能脱离某一个人类群体而独立存在。在一个群体中，人们相互交流，拥有共同的语言，居住在同一个地域，享有共同的经济生活，因此形成了相同的生活习惯和行为方式，建立了大家都认同的道德观念和社会规范，这样的人群我们称之为民族。同一个民族的人都拥有相似的社会成长环境，因而也就具有相似的社会心理和价值取向，对事物的偏好、审美习惯也大致相同。这样的审美偏好自然而然也就反应到衣饰、物品、绘画、雕刻、建筑等生活的外在载体上，久而久之就形成了本民族特有的文化美学体系，它具有较强的系统性、完整性和稳定性，有明显的风格特征和成熟的表现语汇。这也是本民族区别于其他民族的外在标志，每一个民族都具有自成一体的审美体系。

2.4.2 美的时代性

就像不同的民族对美的认识有所不同一样，不同时代的人对美的认识也不一样。时代总是在不断发展，从美学发展的角度看来，划时代的变革到目前也仅有一次，这次大变革就是工业革命。工业革命将历史划分为低速时代和高速时代，低速时代包含奴隶社会和封建社会，以农业为主要支柱，属于农业文明。在生产力较低的条件下，人们的生活节奏也比较慢，因此处于低速度和慢节奏的人们有充分的时间去欣赏和品评某个对象，被观赏对象的细节越多、层次越丰富，就越容易引起关注，获得人们的好评。这个时期的作品，不论民族和地区，都呈现出丰富的细节，有的甚至连形体都淹没在细节中了，没有细节的物品在这个时期一般会被认为是未完成的半成品，在装饰上则更是宜繁不宜简，也只有这样才能显示出高贵和华美。而高速时代则不同，由于工业文明强大的生产力和各种机械设备的发明应用，使得人们的生活节奏非常快，经常处于乘车或忙碌的状态，根本无暇关注细节，只能对物体的体量、造型、色彩、虚实、表面肌理和质感等大的特征有所认知。因此在高速度的工业文明时代，局部细节就因经常被视觉忽略而逐步简化，主要考虑的是如何突出形体特征，体现精密机械加工给物品带来的工艺美感。在这个时代，简洁是追求的主要目标，繁复的细节只会使人感到累赘。

我们当前所处的正是高速时代的中晚期，工业文明所带来的种种弊端正在不断显现，而新的生态技术正在不断成熟，已经到了应该有所改变的时候了，我们预测下一个时代将会是生态时代，凡是无损于环境的生态技术我们都将视其为美，新的审美取向正在建立的过程当中，期待去发展、去完善。

2.4.3　美的动态发展性

随着时代的发展和文明的进步，每一代人的审美观念都会有所发展，在大的原则相对稳定的情况下，一些审美的细节问题总会有所不同，例如表现对象、表现主题、审美偏好等。每一个年代都会有自己的流行趋势，都会留下自己与众不同的烙印。例如在低速农业文明时代的欧洲，希腊文明、罗马文明、中世纪的基督教文化、古典主义艺术、巴洛克艺术、洛可可艺术等不同美学风格前后依次出现，每一个都有自己鲜明的特征，体现了某一历史时期人们的审美口味。正是因为美总是处于一个不断发展变化的过程中，所以我们的世界才会如此的多姿多彩。

总的说来，美的发展是一个动态发展、螺旋上升的过程，后来的总是在前面的基础上进行丰富和发展，而前面的总能够给后面的提供借鉴和启迪。

3 现代主义审美的内涵及其对建筑的影响

3.1 现代主义审美思潮的兴起、发展及确立

现代主义思潮兴起的直接起因就是欧洲的工业革命。以广泛使用蒸汽机这种强大动力为标志的工业革命开创了一个新的时代，它能够在很短时间内生产出大量产品，这对原有的在封建社会生产关系下所生产出来的产品造成了极大的冲击，并且这种冲击迅速蔓延到了整个社会的方方面面。在工业革命初期，工业产品由于其产量大、价格便宜而得以迅速扩张，占有了很大的市场份额，但是其粗糙的外观、硬直的造型和参差不齐的质量却限制了销售量的进一步扩大，而且从审美观念上来说人们更喜欢手工业产品的圆润细腻和繁复温馨。这对于工厂主们来说显然是不可接受的，于是工厂主们一边改进生产工艺、提高产品质量，一边积极寻求并培养自己的思想家、哲学家和艺术家，鼓吹新的美学观点，希望能够改变购买者的审美价值取向，以工业产品的平直简单为美，更多地选择自己的产品。为了与封建贵族们所欣赏的古典主义相区别，他们把自己这种简化装饰、平直规则的美学观点称之为现代主义。

现代主义首先从绘画、美术、雕塑等领域开始实践，将客观物质世界的实体对象分解为点、线、面等最基本的构成要素，实验并探索这些基本构成要素之间的组合关系对审美体验的影响，努力寻求一种能够超越地域、民族、文化背景的美学风格，力图将绘画、雕塑、服装、日用品、家具、建筑等方面的设计都统一在现代主义这一种设计风格之下，所有的物品都可以由机器来进行生产加工，这样就可以实现向全世界倾销，达到利润最大化的目的。荷兰画家蒙德里安就在点、线、面的抽象构图方面进行了深入细致的探索，他根据眼睛的客观生理特性，仅以点、线、面、色彩为元素，分割组织画面，形成抽象构图，不求表达什么含义和象征，也不求打动人们的心灵，但求悦目，只为让眼睛看着舒服。他一般采用黄金分割比等经典比例作为分割图面的基础，以求得作品的稳定与均衡。正因为他的作品不表达任何主观意义，仅以悦目好看为目的，所以也被称为"冷抽象"。他开创了绘画领域的新风格，并积极将其付诸实践，不但影响了工业产品的设计，而且也应用到了建筑设计上。在荷兰乌德勒支市，由建筑师里特维德设计的施罗德住宅（1924 年），可以说就是蒙特里安绘画的立体化。这座住宅大体上是一个立方体，但设计者将其中的一些墙板、屋顶板和几处楼板推伸出来，稍稍脱离住宅主体，这些伸挑出

来的板片形成横竖相间、错落有致、纵横穿插的造型，加上不透明的墙片与透明的大玻璃窗的虚实对比、明暗对比、透明与反光的交错，造成活泼新颖的建筑形象，即使是现在看来，这座住宅仍旧相当的悦目。它对当时许多建筑师的建筑艺术观念都有不小的影响（图 3-1 和图 3-2）。

图 3-1　荷兰乌德勒支施罗德住宅　里特维德　　　　图 3-2　施罗德住宅阳台细部

　　现代主义大力赞美并歌颂机器化大生产，认为机器生产是世界发展的方向，鼓吹机器美学，认为机器生产充分体现了逻辑美、力学美、工艺美、线条美，甚至主张将人的生活环境也机器化，住宅就是居住的机器，住宅里的各种设施都是机器，人的生活也将都要依靠机器。这种言论和主张在 20 世纪初期十分的大胆、新颖和叛逆，与在欧洲占统治地位的古典主义美学产生了激烈的冲突。这种冲突涉及艺术创作的各个方面，在建筑设计领域也同样是针锋相对。虽然占人口大多数的广大中下层劳动人民的居住环境十分恶劣，但大家羡慕和欣赏的仍然是封建贵族的宫殿、城堡、府邸、花园，在这些建筑中，充满了精致细腻的线脚和雕刻，繁复的装饰纹样和精美的壁画，讲述着故事，也体现着奢华。这些装饰花纹与雕刻壁画是机器绝对生产不出来的，而现代主义所要改变的正是人们对这些精细装饰的欣赏。现代主义认为这些装饰是没有必要的，甚至它们的存在会影响房间的使用，从这个意义上讲，他们认为"装饰就是罪恶"。现代主义主张将住宅的功能放在首位，希望大量兴建这种功能住宅以满足所有希望改变恶劣居住环境的人的需求。

　　学校、各类车站、交易所、银行、商场、厂房、展览场所等一大批具有全新功能的建筑出现了，但是古典主义却没有相应的建筑形式来匹配和容纳，只能给他们生搬硬套上神庙或宫殿的外衣，导致内部空间昏暗，采光不足，空气流通不畅，废气不能及时排出，与建筑本身所要执行的功能严重矛盾。现代主义则从功能与形式相矛盾这一点切入，力主把建筑功能的实现放在第一位，强烈要求使用可大批量生产的原材料来建造建筑，去掉繁杂累赘的装饰，采用干净利落的建筑外形，彻底与古典主义外衣分离，他们把这种设计原则称之为"形式追随功能"。现代主义的建筑实践首先从工业生产建筑领域展开，许多现代主义建筑的旗手人物都先后投身于工业厂房的设计，从中积累设计经验，摸索新的设计原则，为现代主义的推广和普及作准备。在第一次世界大战结束后，由于战后重建的庞大需求，现代主义建筑师终于能够广泛的参与各类建筑的设计工作，而现代主义建筑则以自身使用方便、施工简便、建造迅速的优点获得了人们的认可，并在第二次世界大战结束后彻底击败古典主义，取得了设计领域内的领导权。二战后的重建基本上就是按照现代主义的思路进行的，效果也是令人满意的，短时间内解决了大量人口的居住问题。至此，现代主义得以完全确立，其在设计领域内的统治地位一直持续到现在。

3.2 现代主义审美的内涵释义

现代主义审美的兴起、发展和确立与机器化大生产的关系密不可分，现代主义所要体现的也正是机器化大生产的加工特性，这一点从包豪斯的课程设置就可以看得出来，新生入校不是先学美术，而是先进机械加工车间，学习如何使用机床，并用钢管等材料制造新型家具，这样可以使学生很快就能熟悉机械加工的工艺流程和加工特点，迅速建立起适应机器化大生产的审美观。那么，究竟什么是适应机器化大生产的审美观呢？简单说来就是：精致、简洁、标准化。

"精致"是指机械加工的表面处理工艺精度很高，虽然机床操作相对比较简单，但加工出来的材料的表面平整度、光洁度以及反光效果都非常的精美，即使成本再低廉，机械加工出来的材料和产品都能保持外观的精致，而且加工速度非常快，这也是机器化大生产相对于手工生产的优势所在，是必须要有所体现的。

"简洁"是指机械加工出来的材料和产品一般比较规则，线条比较平直流畅，易于识别，要么横平竖直，要么就是比较规则的曲线，机械加工很难加工出来任意变换的自由曲线。

"标准化"是指机器生产出来的构件和产品，其尺寸、外观、造型都是完全一致的，可以实现无条件的互换。标准化是机器化大生产的重要特征，能够将不同厂家生产出来的产品有效地组合在一起。建筑设计领域内的模数制就是"标准化"在建筑设计和施工方面的具体应用，现代主义当中的装配式建筑就是标准化的最直接体现。

"精致、简洁、标准化"，这就是现代主义所确立的审美标准，它适用于所有与机器生产相关的设计领域，如建筑设计、工业设计、服装设计、家具设计等，是一个应用广泛的审美标准（图3-3）。

图3-3 精致简洁的钢管椅子

3.3　现代主义审美标准辨析

在现代主义的三条审美标准当中，"简洁"是最重要的核心词语。对简洁的含义作深入的探讨将有利于我们恰如其分地理解现代主义审美标准的精神。

简洁不是简单，它仅仅是指对象的外部形体特征或者对象的组成规律易于识别，能够使我们的视知觉很容易接受它们的刺激，整体感较强，特点明显，而真正的视觉感受却是适度的丰富。简洁要求在相对简单的轮廓里要有比较丰富的层次，不能一眼看穿，若被一眼看穿了，那就成简单了。适度的丰富和明显的层次感是简洁存在必要的条件，从这一点上来说，简洁其实是一个程度副词，它表达了一个比较微妙的视觉感受范围（图3-4）。

图3-4　造型简洁、视觉感受丰富的汽车

从视知觉的角度讲，简洁其实指的就是整体感，必须使对象的各个组成单位之间要有关联，这样眼脑才能把各个单位加以组合，使之成为一个知觉上易于处理的整体，才有利于进行识别和记忆。我们可能并不清楚各个单位的组成规律到底是什么，但只要视觉上感觉有组织就行。各个单位的变化要适度，不能太过剧烈，需要过渡，简洁的含义中带有安静平和的意味，因此不能太突兀，不能太夸张。

简洁一定不能有过多的细枝末节，因为过多的细节会吸引眼睛的过度注意，从而影响到对整体感的认知。但同时又不能没有细节，缺乏细节就意味着缺少一个观赏层次，就会容易滑向简单。因此"简洁"对细节的要求就是适度，既不影响整体感，也不能太缺乏细节，需要找一个微妙的平衡点或平衡范围。对于不同大小、不同形状、不同色彩的对象，这样的平衡点或平衡范围也各不相同，要具体对象具体分析，精心地去推敲，尽量接近这样的平衡。所以可以这样说，寻求体现简洁的平衡度的过程就是现代主义的设计过程。

这方面的例子很多，我们当然是选择非常有特色的建筑方面的例子来进行说明。

首先是"水立方"（中国国家游泳中心）（图3-5）。从外部造型上讲，"水立方"可谓简单到了极致，就是一个方方正正的长方体，没有任何形体上的变化。这是超大尺度建筑所采用的通常作法，用

图3-5　"水立方"鸟瞰

巨大的单纯几何形体可以获得非常强烈的震撼效果和纪念意义。但是如果对形体的表面不作处理或处理不当的话，很容易使整个建筑形体笨拙，会产生像乌云压顶般的压迫感。不能对形体表面作分片处理，因为这样会割裂形体，削弱整体感，只能采用统一的表面处理来形成细部，同时表面纹理应该有一定的变化，否则太过单一，容易显得单调。常规的设计思路大抵如此，剩下的就要看建筑师的设计和创造了。非常幸运的是，"水立方"的设计师们找到了一种最具创意的表面纹理，用大大小小不等的蓝色六边形作为建筑的表面肌理。这是一个非常令人赏心悦目的设计，其成功之处有三：首先，从创意上讲，模拟水泡的形态，抽象凝固了的水泡拥挤在一起的瞬间，暗示游泳中心的功能。这一点恰如其分，顺理成章，毫不牵强，比其他方案明显高出一筹。其次，从视觉形态上讲，大大小小的六边形拥有共同的母题，再怎么变化也不会产生凌乱的感觉，统一的几何特性保证了视觉上的一致性和整体感，而六边形面积上的变化则提供了层次感和丰富度。第三，恰当的比例和细节尺寸。设计者经过反复推敲，确定了六边形的大小和变化强度，他们准确地找到了体现简洁的平衡点，既保证了体量的整体感和完整性，又有恰当的层次感和丰富度，于是作品就呈现出一种非常激动人心的纯净，把"简洁"这一感受体现得淋漓尽致。在这种搭配比例中，形体是骨，六边形水泡是肉，互相映衬，形象地说就是做到了骨肉匀停，虽不能说达到"增之一分则长，减之一分则短"的高度，但也十分接近了。总的说来，"水立方"是一个体量大而简洁，并偏重于表面肌理的作品。

　　这种手法适用于大体量建筑，对小体量建筑则较难适用，这是因为小体量建筑的绝对体积小，空间占有感不强，如果采用上述手法则很难在视野中形成重心，看起来会觉得像一个玩具。因此，对于小体量的建筑，常采用多变的形体来突出自身，形成视觉焦点。其中最典型的例子莫过于弗兰克·劳埃德·赖特的流水别墅（图3-6）。流水别墅形体

最典型的特征就是以竖直方向的，由毛石砌筑的烟囱为中心，向四面八方伸出层层叠叠的水平挑台。挑台表面仅施以较光滑的白色粉刷，而没有任何纹理的处理。给人整体感觉干净、简洁、利落，形体对比

图3-6　　流水别墅　　弗兰克·劳埃德·赖特

强烈，视觉层次丰富。竖向的毛石烟囱粗犷有力，且高度最大，占据统治地位，是稳定的构图中心，四周伸出的挑台轻盈优美、层层叠叠、富于变化。与竖向烟囱的对比效果强烈而微妙，极大地丰富了视觉感受。在这个作品中，有两点特别值得强调：其一，水平挑台的表面不作细部纹理处理是因为水平挑台本身就是细部，再在其表面作处理会使挑台显得繁复而累赘，丧失凌空的轻盈感。在挑台这些构件中，形体与细部是合而为一的，形体即是细部，细部即是形体，因此不必再作细部处理。其二，像毛石烟囱这样的竖向构图中心，在一个作品当中一般有且只有一个。一个中心可以使所有的焦点都集中在自己身上，从而进一步突出作品的特点，加深人们的印象。

　　上述两个例子可以说是体现简洁平衡范围的两个端点：一个形体大而简洁，表面纹理丰富；一个形体小而丰富，表面处理简单。但它们都恰如其分地传达了"简洁"这种视觉感受。"水立方"不能不做表面肌理，如果不做，就是一个方盒子；流水别墅的挑台不能做表面装饰，如果做了，就有些多余。因此，建筑师在做设计时，一定要把握好简洁的这种"度"，它是我们进行形体设计的核心感受。每一个建筑都由于其本身的功能、用地、材料的不同而拥有各自不同的简洁平衡点，限于篇幅，我们就不一一解析了。学习的关键在于如何把握"简洁"这种感受，而不在于分析了多少个优秀建筑。只有真正理解了"简洁"这种视觉体验，才能在千变万化的设计创造中应对自如。在下一章中，将通过作业训练帮助学生深入体会"简洁"。

4 建筑形态构成训练作业的设置

4.1 建筑形态构成手法训练的目标和原则

如上一章所述，形态构成课教学目的的重点在于，让学生深入体会现代主义审美标准中关于简洁的含义，并学会自觉运用。有关简洁的讨论与推敲，将贯穿全书，使学生在细致的推敲过程中把握对"简洁"的"度"的控制，熟悉现代主义形态构成的基本手法。在本书的训练作业中，达到"精致、简洁、标准化"这三条现代主义审美标准的要求是最终的目标，而实现训练目标的手段则是形式美的构图原则。

具体地说，形式美的构图原则大致包含如下几条：

（1）比例与尺度。这是实现简洁最重要的手段，合理、优美的比例及恰当的尺度将强烈地影响作品的视觉效果，控制着简洁的表达。它是寻找简洁平衡范围过程中，最重要的调整参数，其对最终效果的影响远远大于其他所有相关因素影响的总和。常常有建筑师在做设计时，只做单色的素模型推敲比例，这样做是为了屏蔽掉其他影响因素，等到比例尺度调整完成之后再加上色彩、材质等相关因素，设计就完成了。色彩、材质等相关因素对比例尺度的影响非常有限，绝对不足以影响到大的比例格局。"增之一分则长，减之一分则短"，这是一种很难达到的理想状态，但可以通过不断推敲和调整，尽量接近。

（2）稳定与均衡。追求稳定与均衡是人类的目标。在人的潜意识中，稳定与均衡意味着安全、平静与舒适，而不稳与失衡则代表着危险、激烈和不安。没有人愿意提心吊胆的住在一幢看起来不稳定的房子里，尽管这幢房子的内部结构可能修建得十分结实坚固。所以在建筑构图中，建筑师必须使自己的设计带给人们足够的稳定感与均衡感，满足人们心理上安全的需要。最常用的稳定均衡就是对称，这是人们最先认识并掌握的构图规则。通过对称构图，很容易获得稳定和秩序，给人们带来心理上的安定感。大尺度和强对比的对称构图还能够产生诸如庄严、肃穆、伟大、神圣等精神感受，因此，在纪念性建筑中，对称构图应用得十分广泛。除对称外，自由灵活的构图同样可以获得稳定与均衡，而且具有对称构图所不具备的轻松感和丰富度，因此，在大量性民用建筑中，非对称的均衡应用得最为广泛。非对称的均衡不管构图形式如何，最重要的一点就是获得人们心理上的平衡感。这种平衡感好比中国的杆秤，秤钩或称盘上可以称挂任何东西——大的、小的、方的、圆的、长的、扁的均可以称量，只要和秤砣保持力矩平衡就可以。

同理，参与非对称均衡的要素也是各式各样的，造型上没有任何限制，因此更具创造力，只是在应用时需要谨慎推敲，切实满足视觉心理上的力矩平衡，尽量避免由于缺乏组织而流于杂乱。动态均衡是非对称均衡的一种特殊形式，主要是运用造型上的运动感产生分离或升腾的趋势，在人的心理上，相应产生重心移动或重量减轻的错觉，从而达到均衡的目的。总之，稳定与均衡是建筑构图中最基本的要求之一，是进一步深入设计的基础，体现了建筑师的基本素质。

（3）节奏与韵律。这是与比例尺度相关的影响因素，具体指建筑物或建筑群由许多相似的单元组成，而这些单元的排列不能单调的平铺直叙，要有一定的变化。变化的方式很多，可以是高低的变化，也可以是疏密的变化。重要的是，这种单元的变化要有规律，不能杂乱，变化的幅度要有所控制，要求能与相邻的其他组成单元相配合。如果整个建筑或整群建筑是一首乐曲，那么各个组成单元就是一个个的音符，假如每个音符的音高和音长都是一样的话，就不能够成为乐曲了，只有每个音符的音高和音长都按照一定的节拍和韵律作有规律的变化，方能成为一首动听的乐曲。建筑在外形上的表现形式，与乐曲的这种特点极其类似，因此就借用音乐上的术语"节奏和韵律"来形容建筑。建筑的每个组成单元就相当于一个音符，有自己的高低和长短，但建筑整体上的变化要有组织，要有重点，就相当于乐曲中的主旋律。而在细节上，要有类似于乐曲中小节那样的、在实体造型上的分段，这样节奏和韵律就形成了，建筑也就像一首动听的乐曲那样优美了。我们常说的"建筑是凝固的音乐"就是指建筑和音乐在节奏和韵律方面的相似性。

（4）对比与微差。如果一个物体或片断，与周围背景存在明显差别，从视觉上很容易被识别，从而凸显出来，那么这就是对比。反之，如果这个物体或片断与周围背景差别不大，从视觉上不容易被识别，从而融于背景，那么这就是微差。在建筑中，对比多应用在强调重点方面，微差多应用在协调一致方面。在建筑中，常用的对比一般包含以下几种："虚实对比、体量对比、色彩对比、材质对比等。其中虚实对比应用最为广泛。这里的"实"是指建筑实体，"虚"是指镂空或开窗。可以说，任何一个建筑都是由虚实两部分构成的，只是虚实所占的比例不同而已。如果一栋建筑以实体为主，那么在入口等重点部位就可考虑采取大面积的开窗，用"虚"的处理来突出强调，反之亦然。另外几种对比的应用手法也与虚实对比大致相同，故不赘述。总之，对比的目的在于强调不同，突出自身。而微差的应用则较简单，只要准确把握周边背景的特征，作类似的处理，达到协调的目的就可以了。

（5）色彩与材质。色彩和材质能够赋予建筑独一无二的个性，但在应用时一定要注意比例和对比关系的控制，把握好对比色和协调色的应用。色彩和材质对比例尺度是有一定影响的，例如暖色可以给人靠近和放大的感觉，而冷色则会造成远离和缩小的感觉，因此会影响到视觉对比例的判定，形成一定的错觉。但是这种影响的幅度有限，不能改变整体的比例关系。色彩和材质能够对人的心情和情绪施加影响，如果运用得当会使建筑物的性格更加鲜明。例如医院不能使用红、橙等容易引起兴奋的暖色系列，最好选用白、绿、蓝等容易使人平静的色彩，这样有利于病人的治疗恢复；在游乐场、舞厅、体育馆等需要热烈气氛的场所，就需要使用能够调动情绪的，饱和度较高的鲜艳颜色；石材表面通常会给人以精致、坚固、冷峻的感觉；砖墙面一般会带来亲切、温馨、和蔼的体验等。色彩和材质的正确选择是体现建筑师能力的重要方面。

（6）质感和量感。质感和量感是指人对形体表面质地的感受和对形体重量的判断。任何一种形体都会引起人心理的类比感受。总是拿这个形体与自己以前的经验作比较，从而获得对形体的判断。颜色和表面纹理特征对判断的影响尤其突出。如果物体表面呈现石头的颜色和纹理，我们就会认为它是石头，并且在心理上产生沉重的感受。如果表面呈现泡沫塑料的特征，相应的在心理上就会产生轻飘的感觉。影视作品中的道具就是应用这种原理，用简单的材料模拟真实物体的质感和量感，获得观众的惊叹。质感和量感对人的情绪也有一定的影响，会勾起观众的某种回忆，产生诸如亲切、喜爱、厌恶、恐惧等情绪。在应用时，要根据建筑的性质谨慎恰当的使用。

以上就是在建筑形态设计中常用的形式美的构图原则，学生在做作业时可以根据自己的设计意图灵活选择，可以择其一二重点表现，也可以全部选用、面面俱到，目的只有一个，就是争取恰如其分地表达出"简洁"。

由于建筑设计是一门实践性很强的应用专业，甚至有时候还需要一些"灵感"，因此在形态构成课的基本训练过程中，应该多动手，多比较，多体验，多交流，开阔眼界。切忌空谈和闭门造车，不动手、不交流就不会有提高，只有不断的尝试，才能逐渐接近和谐的平衡点。

建筑形态构成训练特别注重三维模型语言表达能力的培养，因为建筑毕竟是一个在三维空间里的形体，观赏角度是立体全方位的，而不是仅仅局限于某几个角度。因此只有三维模型才能全面表达形体的组织结构和特征，充分说明设计的意图，三维模型就是建筑设计的工作语言。形态构成课其实就是学习这门工作语言的课程，它将帮助学生建立起良好的三维思考习惯，获得形态组织的初步经验，熟悉形体空间搭配的基本手法。

4.2 建筑形态构成手法解析

形体美是建筑形态美之基础。建筑形态的美与丑与形体组织模式、形体的比例与尺度、形体的界面处理等方面有着密切的关系。同时，建筑形体美还与形体的组合模式有关。或通过"高低穿插、咬合"，具有明确的逻辑性；或通过"切割、叠加"，构成良好的比例，产生美的光影；或取"象征"之意，对形体抽象、简化等，富有极其丰富的变化和艺术感染力。

4.2.1　建筑形体的基本元素与关系元素

建筑的外部形体可以分解为几种基本构成元素：点、线、面、体。如同构成有机体的细胞一样，这些基本构成元素即是构成建筑形体的基本单位。

建筑形式的视觉性质通过各种基本构成要素反映出来。要素是概念性的，它作用于人的感官，展示对象的性质，但是要素却不能脱离物质对象而独立存在。

（1）形状——形状反应对象的特征，是我们得以认识和区别对象、回答它是什么的主要依据（图4-1）。

（2）尺度——尺度是建筑的量度表达。尺度由于物理量的差异，可以表达宏大雄伟、朴实亲切、细腻精致等不同的观感，在建筑设计中，尺度问题贯穿于整个过程和一切方面。比例反映尺度的关系，并通过尺度关系实现对形的限定（图4-2）。

（3）色彩——色彩反映对象的表情。在各种视觉要素中，色彩是敏感的、最富表情的要素。色彩可以在形体表面上附加大量的信息，使建筑造型的表达具有广泛的可能性和灵活性（图4-3）。

（4）材质——材质反映对象表面的形态，是建筑界面最基本的内容。由于材质具有视觉和触觉联合作用的性质，能造成深刻入微的知觉体验，因此，材质引起的感觉更为贴近和亲切。

（5）肌理——肌理是指物体表面的组织纹理结构，即各种纵横交错、高低不平、粗糙平滑的纹理变化，是表达人对设计物表面纹理特征的感受。一般来说，肌理与质感含义相近，对设计的形式因素来说，当肌理与质感相联系时，它一方面是作为材料的表现形式而被人们所感受，另一方面则体现在通过先进的工艺手法，创造新的肌理形态。不同的材质，不同的工艺手法可以产生各种不同的肌理效果，并能创造出丰富的外在造型（图4-4）。

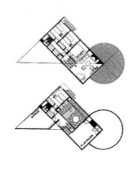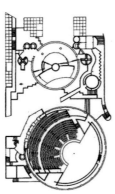

图4-1　不同形状的建筑平面对比　　　　　　　　图4-2　不同尺度的建筑形体对比

图4-3　不同色彩的建筑形象　路易斯·巴拉干

图4-4　不同色彩的建筑质感与肌理

4.2.2　建筑形体的基本构成方式

（1）点式：由小的、相对独立的形式单位构成整体的模式，点式结构具有活泼感；

（2）线式：横线式、竖线式，在建筑立面设计中应用较多；

（3）网格式：方格对位排列、均衡展开的模式；

（4）三段式：三段式是一种特殊的横线式，三段式具有简明的节奏感；

（5）对称式：基本形沿轴线对称布置，秩序井然，具有严整、规则之感；

（6）垂直水平式：垂直水平模式具有动态平衡感；

（7）围合式：围合式具有封闭感；

（8）半围合式：半围合式结构兼有围合与开放的双重性，常用于平面及规划设计中；

（9）边框式：用在立面造型中的半围合式、围合式结构，又称为门式，是一种周边实、中间虚的中空式结构；

（10）基准式：以某一基线、基面或基本形体为依托和基准组成的系列，类似有机生长的模式；

（11）辐射式：由中心向四周发射的模式；

（12）螺旋式：表达环绕、向心和向上攀升的姿态，螺旋式具有运动感；

（13）集中式：是以中心为主导的模式，由几个次要形体围绕着占主导地位的母体组成；

（14）聚合式：自由集结的组织形式。多个基本形自然聚结成群，无明显规则性。

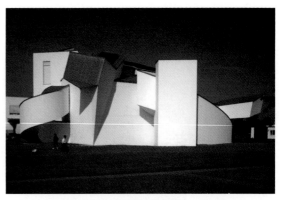

图 4-5　维特拉家具博物馆　哈迪

4.2.3　建筑形体的基本处理手法

（1）原形与形变：最简单的几何形及其变形产生新形体，包括扭曲、旋转、拼贴、收缩、倾斜、分裂、消减等手法（图 4-5）。

（2）原形分割与重组：通过对原形进行分割及处理产生新形体，包括等形分割、等量分割、比例数列分割、自由分割等手法（图 4-6）。

图 4-6　香港中国银行　贝聿铭

（3）多元形体组合：相同、相似形体或不同形体作为基本单元，通过形体的结构组织形成新形体，包括骨架法、聚集法等手段（图 4-7）。

4.2.4　建筑内部空间的组织方式

对于具体的建筑设计来说，建筑师最为关心的是依据什么样的原则把单一的空间组织起来，成为一栋完整的建筑，完成预期的设计目标。而决定这种组织方式的重要依据，就是人在其中的活动。

图 4-7　东京中银舱体楼　黑川纪章

根据人活动的差异性特征，空间的组织布局相应有所变化，一般可分为以下几种关系。

（1）并列空间

并列空间关系是指各空间的功能相同或近似，彼此没有直接的依存关系者，常采用并列的方法来组织，如宿舍楼、教学楼等。多以走廊为交通联系，各宿舍、教室或办公室分布在走廊的一侧或两侧。

（2）序列空间

序列空间是指各空间在使用过程中，具有明确的先后顺序者，多采用序列关系，以便合理地组织人流，进行有序的活动。如候机楼、车站以及大型纪念性建筑等。

（3）主从空间

各空间在功能上既有相互依存又有明显的隶属关系，其各种从属空间多布置于主空间周围，如图书馆大厅与各不同形式的展览室和书库，住宅中起居室与各卧室、厨房的关系。

（4）综合空间

在实际建筑中，往往以上述一种关系为主，同时兼有其他形式存在。如大型宾馆中，客房部分为并列关系，大厅及其周边服务部分为主从关系，厨房部分则为序列关系。

4.3　建筑形态构成训练作业的选择与设置

4.3.1　建筑形态构成训练作业的设置及作业要求

作业训练的目的是使学生掌握建筑设计的基本构成手法，因此作业的选择都与建筑设计紧密相关。

首先，在平面构成中设置了两个作业。第一个是平面重复构成或平面渐变构成，主要训练学生的平面构图能力。要求学生在训练中切实理解比例与尺度、稳定与均衡、对比与微差、节奏与韵律这四个基本构图原则，达到的效果是悦目的简洁，创作一幅有至少两个观赏层次的黑白抽象构成。要求只使用黑、白两种颜色，以免难度过高。第二个作业是折纸肌理，它是平面重复构成或平面渐变构成的半立体化，要求给出一个厚度，形成类似浮雕效果的作品。其厚度不得超过长宽的六分之一，这样就形成了一个表皮，一个具有凹凸变化，可应用于建筑表面的表皮。这个作业的难度较第一个作业显著提高，要求综合应用六种构图原则，除了继续熟悉领会比例与尺度、稳定与均衡、对比与微差、节奏与韵律外，还增加了对色彩和质感的要求，力求作品从各个角度观看都能获得好的观感。

其次是立体构成。要求运用某种立体单元，沿一定路径进行有规律的变化，从而形成统一连续的整体。这个作业清楚地表明了现代主义审美对简洁的要求：共同的母题保证了作品的统一性和整体感，单元体的变化规律及变化路径则要非常容易识别，使人第一眼就能辨别把握住变化的意图，即形式要"简"，而单元体在俯仰变化间呈现出的视觉效果却要丰富，要有强的视觉冲击。这个作业要求在把握好比例与尺度、稳定与均衡、色彩与质感的基础上，突出表现微差、节奏、韵律所带来的视觉效果。

然后是空间构成。包含了三个作业，即并列空间、序列空间和主从空间。之所以选择这三个主题空间作为空间构成训练的作业，是因为大多数建筑空间都是由这三种空间组成，可以是其中一种，也可以是其中两种或三种的组合。因此，完成这三个作业对于初学者更加准确地理解空间之间的关系，具有较大的帮助。熟悉了这三种空间的构成特点和构成手法之后，以后遇到大多数的建筑设计任务，都可以轻松应对。作业要求运用限定空间的七种手法（围合、设立、覆盖、肌理变化、凸起、凹进、架空）来组织空间，使之符合并列、序列、主从的关系要求。作业的整体感要强，不能因为包含多个空间而出现零散的感觉，在这三个作业的构思中，可以借鉴密斯·凡·德罗的流动空间手法来加强各个空间的联系，增强整体感。在设计制作过程中，注意细心体会空间之间的微妙关系。

最后是一个综合空间练习——展览空间的制作。要求综合运用三种空间组织手法，使用给定的构件设计出一组可供展览的空间。这个作业的难度较前有所提高，既给定了具体的功能，又限定了构件的尺寸，但仍需达到简洁的要求：构图新颖简练，色彩醒目而富于冲击力，空间关系明确，观赏层次生动丰富。这个作业既是形态构成课程所学知识的总结性表演，又是为正式进入专题课程设计所作的必要准备，起到了承前启后的作用，有利于初学者尽快适应设计者的角色。

4.3.2　色彩构成训练与建筑形态构成训练的关系

从形态的角度来看，建筑的生成可以看成是以下几方面构成的综合，即平面构成、立体构成、空间构成和色彩构成。其中平面构成主要解决诸如建筑在场地内的分布、面积的分配等的美观问题；立体构成主要针对建筑形体搭配的美观问题；空间构成主要回答建筑空间围合塑造的美观问题；色彩构成主要面向的是建筑色彩搭配的美观问题。在这四种构成中，平面、立体、空间这三方面的构成能力，可以相对独立地进行专门训练，而色彩构成的训练则很难独立展开，因为色彩构成始终贯穿渗透于平面、立体、空间这三种构成当中，根本不可能单独剥离出来。具体地说，平面构成其实就是平面色彩构成，立体构成就是立体色彩构成，而空间构成就是空间色彩构成。以前在教学中仅用平面上的色彩构成，就来作为整个的色彩构成训练，显然是不全面的。离开了色彩，无论任何构成都是不完整和缺乏表现力的。因此，在这本教材中，不再单独设置色彩构成，而是将其渗透在其他各个构成中，统一综合考虑。这样既锻炼了学生的综合思考能力，又能使作品达到最佳的效果。下面是一些色彩的基本理论和常用的对比色、协调色，学生们可以选择使用（图4-8～图4-14）。

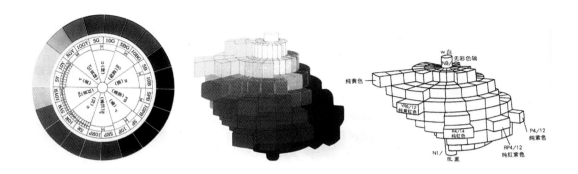

图4-8　孟塞尔色环及色立体

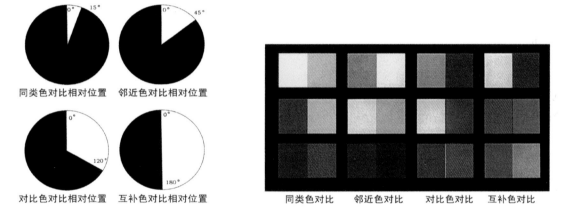

图4-9　色相对比

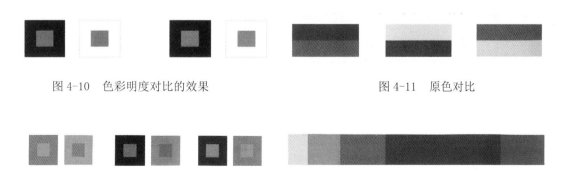

图4-10　色彩明度对比的效果　　　　　　　　图4-11　原色对比

图4-12　色彩的彩度对比　　　　　　　　图4-13　色彩的面积对比

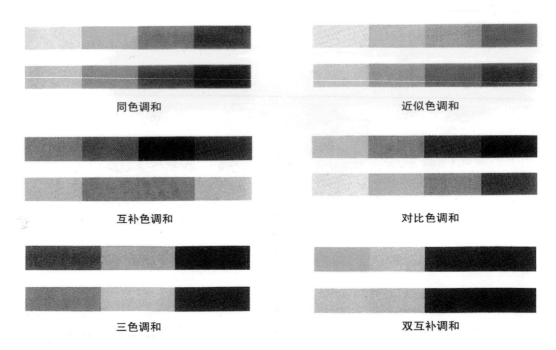

图 4-14　色彩的调和

5 平面构成

5.1 平面构成的基本要素和基本形

平面构成的形成和变化依靠各种基本的要素而构成。在平面构成训练阶段，作为构成要素的是抹掉了时代性和地方性意义的形象要素，它们被纯粹化、抽象化，这种训练是实用的、唯美的。这种纯粹化的要素构成训练与现实设计相比较，其内容是狭窄的，但便于认识和进行训练。

5.1.1 点、线、面——概念元素

任何平面形态都可以看成由点、线、面构成，我们可以将点、线、面进行运动来形成多种多样的形态。但是点、线、面只存在于我们的概念之中，我们称其为概念元素。用概念元素解释形态的形成，排除了实际材料的特征，而任何点、线、面在实际形态中都必须具有一定的形状、大小、色彩、肌理、位置和方向。

5.1.2 形状、大小、位置、方向——视觉元素

我们把这些组成平面形态的可见要素称为视觉元素。概念元素点、线、面，视觉元素形态、肌理、大小、位置、方向，这是平面形态形成的要素，也是形态设计借以进行变化和组织的要素，做任何设计，无非就是变化这些要素，从而形成多种多样的平面形态。我们往往用一组在形状、大小、位置、方向上重复相同的，或者彼此有一定关联的点、线、面集合在一起，形成我们的设计形态。这就牵涉到基本形的概念。

5.1.3 基本形

如果设计只包括一个主体的形，或包括几个彼此不同、自成一体的形，这些形称为单形。一个设计中如果包含过多的单形，构成就容易涣散，而如果由一组彼此重复或有关联的形组成，就容易使设计形态获得统一感。我们称这组彼此有关联的形为基本形。基本形的存在有助于设计的内部联系。一些优秀的设计虽然具有丰富的形态，但包含的基本形是非常简单的，一个基本形又可以由更小的基本形构成。由此可见，基本形以简单为宜，复杂的基本形因为过于突出而有自成一体的感觉，形态的整体构成效果不佳。

5.2　平面构成基本要素之间的关系

5.2.1　形与形的关系

在基本形的集合中，形与形之间大致有如下八种关系：分离、接触、覆叠、透叠、联合、减缺、差叠、重合等。

5.2.2　形与底的关系

设计要表达的图像，我们称之为形，周围的背景空间，我们称之为底。形与底的关系并非总是清楚的，因为人们一般习惯认为图像在前、背景在后，而如果形与底的特征相接近时，形与底的关系则容易产生互相交换。

5.2.3　基本形与骨格的关系

基本形在空间的聚集编排必须建立明确的秩序关系，我们将这种秩序关系称为骨格。骨格由线要素组成，包括骨格线、交点、框内空间，将一系列基本形安放在骨格的框内空间或交点上，就形成了最简单的构成设计。平面构成中，骨格是支撑构成形象的最基本的组合形式，使形象有秩序地经过人为的构想，排列出各种宽窄不同的框架空间，把基本形输入到设定的骨格中以各种不同的编排来构成设计，骨格即起到编排形象和管辖形象的空间作用。

5.3　平面构成的设计技法

5.3.1　基本形和骨格有序的变化

为了使设计形态趋向于丰富，我们可以进一步变化基本形和骨格。基本形各视觉元素都可以有不同程度的变化，或者采取不同的变化过程，按要素的变化过程不同可分为重复和渐变，按要素变化的程序不同可分为近似和对比。

骨格在构成中起很大作用，同样这些基本形，由于骨格的变化，构成的结果是不同的。骨格网可以变化的要素是间距、方向和线型。根据骨格和基本形的基本变化规律，有助于我们创造丰富多样的平面构成作品，派生出千变万化的形态。

5.3.2　重复

重复是指相同或近似的形象反复排列，重复构成是最简单的构成。建筑上门窗阳台的排列，墙、地面的铺贴，多栋建筑的排列等，往往采用重复构成。由于骨格的重复和基本形形状大小的相同，很容易取得统一效果，显示简洁、平缓和混同的情态特征。但也因此容易造成过于统一而缺乏变化的缺点，使简洁成为简陋，平缓成为平庸，混同成为单调。因此重复构成的着力点在于变化，将各种视觉要素及形底关系等进行变化，创造丰富感。

5.3.3 渐变

渐变是指以类似的基本形形成骨格，循序渐进地逐步变化，呈现有节奏的、调和的变化。骨格或基本形逐渐地、顺序无限地作有规律的变化，可以使构成产生自然有韵律的节奏感，骨格渐变的关键是线间距的逐渐变化，渐变骨格使构成形成焦点和高潮，利用这个特点，经过精密编排可造成起伏感、进深感和空间运动感等视觉效果。基本形的各视觉元素均可作为形态渐变构成的基础，例如一个形的分裂或移入，两形覆叠或减缺的过程等均可视为渐变构成。

重复构成和渐变构成的变化过程是以明显的严谨的数学关系进行的，构成要素是在大的统一关系中求小的变化，相互之间有很强的联系，显得有规律，我们称其为规律性构成。与之相对应的是非规律性构成，它是对规律的突破，基本要素以对比强烈的变化形成视觉上的张力，激起兴奋，从而形成醒目效果。获得非规律性构成的手段主要有近似和对比。

5.3.4 近似

当形态各部分之间要素变化缺少规律性时，形态整体容易显得涣散，变化占据了主导方面，便应努力寻求规律。如果找不到严格的数学逻辑，那么能找到相近似的规律也好，这就是近似构成。一组形状、大小、色彩、肌理近似的形象组合在一起，虽然相互之间的变化过程并没有严格的规律，但因其有同种同属的特征，容易造成很强烈的系列感，使构成趋向统一。近似构成应有明显趋向于某种规律的视觉指向。

5.3.5 对比

对比构成是破坏规律，最常用的方法是在整体有规律时，局部破坏规律形成对比。基本形的形状大小可以形成对比，基本形排列的疏密、不同方向都可以形成对比，平面形态的各视觉要素都可以形成对比。

5.4 平面构成训练模块

5.4.1 重复构成

（1）要点

设计一个单纯的基本形，放置在一定的骨格位置中，基本形可以有方向、正负的变化，从而使单纯的基本形集结成新颖的图形。

这种基本形的构成，是在骨格秩序的编排下，依靠方向、正负的变化来创造出新的群体形态。骨格组织犹如万花筒一般，随着转动（基本形方向、正负的变化），可产生出无限多个新的图形。这是一种全新的构图方法，在追求新图形构成的可能性过程中，可以培养理性的构成能力，以及平面抽象形态的审美能力。

优秀的平面重复构成作业，应该有三个观赏层次。最小层次是单元格，要能够被辨认识别；中间层次是由单元格集群形成的新图案，新图案有时会出人意料的有趣，可遇而不可求；最大的层次就是整体的构图，黑白的分布要稳定均衡，整体感强。人们在观赏时，首先感知的是整体黑白构图，然后再注意到中间层次的新图案，最后再仔细观察细部，辨认单元体。这样富于发现的乐趣，由整体深入到细部，过渡自然，视觉效果易于达到简洁。层次过少，感觉没深度，层次过多又流于繁琐，因此在设计时要细心体会，仔细推敲。

（2）练习过程

① 设计重复骨格。

② 设计中基本形的大小应与骨格中单位面积相同，基本形应简洁。

③ 基本形放入骨格中变化方向、正负进行构成。

④ 基本形经过变化后产生群化现象，此时骨格线可隐去。仔细观察群化后的图形，使其符合视觉审美要求，有不理想处可变化局部某个基本形的方向或正负，直到满意为止。

⑤ 设计定稿后即用铅笔在正式纸上制图。完成后的图面仅限于黑、白、灰三色，灰色可以带有色彩倾向。

（3）注意

群化后的图形要避免对称、呆板，尽可能在统一中求得变化。因此在设计基本形时要避免基本形自身的对称。

5.4.2　渐变构成

（1）要点

这是以渐变骨格诱发出渐变基本形的构成法；是按照数理法则设计渐变骨格，通过骨格的变换展示出基本形渐变的视觉效果。这也是一种全新的构成方式，是凭借数学或物理学的法则，通过组织将数理关系转化为视觉效果的过程。在设计时，要对数理关系进行充分的研究，以作图方法来解决构思问题。

渐变构成所呈现出的视觉效果冲击力强劲，会产生立体感、进深感、运动感、闪烁感等。当骨格线本身看作是一种基本形时，构成效果即几何线的构成。

渐变构成的难度要显然大于重复构成，对于骨格线和变化规律的设置本身就带有不确定性。谁也无法在设置骨格线和变化规律的时候预见最终的效果，整体构图的稳定性也不易把握，因此最终的结果将带有一定的偶然性。在制作时，可以适当放大作图范围，然后选择构图最稳定、视觉冲击力最强的部分作为最终的结果，以保证实现视觉观赏的三层次。

（2）练习过程

① 以某种数列（等差、等比、黄金比、费勃那齐数列等）作为渐变骨格线的间距。骨格线可以是水平或垂直线，也可以是同心圆（半径的长度符合某种数列）。骨格也可是水平线与垂直线或同心圆的重叠，这样骨格本身就构成了既有规律，又有丰富视觉感的线的构成。

② 在骨格网线的组织过程中渐变基本形，此时方法多种多样，为获得最佳的构思线索必须用心观察，多作一些局部的尝试。例如，在所有骨格线的交点处作某种倾斜线或垂直线，此短线与骨格线围成一基本形。

③ 作图方法决定后，用铅笔打稿上墨线，黑、白、灰为主。也可施以色彩的明度、纯度的渐变来加强图面视觉效果。

（3）注意事项

开始练习前，要认真分析好的实例，从中发现产生不同感觉的潜在的构图规律。

5.5　平面构成优秀作业解析

作业类型：重复构成

基本单元：圆、正方形和线

基本方法：线、面的重复与集聚

特点分析：

　　方案由 7×7 共 49 块形态相同、色彩互补的单元体旋转或反相形成。形状并不完整的单元体，在通过一定手法的组合后，黑色图形从图面中跳跃出来，圆点和箭头在整个图面内形成了一主两辅的三个中心，三角形的稳定性保证了图面的均衡。不完整的白色图案则让图面显得更加饱满又不失活力。黑白两色的细实线仿佛格网，规范图面内一切有序抑或无序的活动，形成了层次丰富的视觉效果。

作者　李珺杰

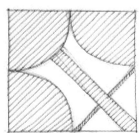

单元体

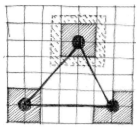

稳定的三角形构图

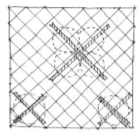

单元体的集聚

作业类型：重复构成

基本单元：圆与矩形

基本方法：形的反相、旋转与组合

特点分析：

　　将正方形以圆弧、圆角、矩形进行切分形成的基本单元有进行组合、连贯的可能性。一个完整的圆划分为三部分，以黑白两种色块区分开来，分别放置在正方形的对角线上。正方形用直线划分为4小块，黑白色块有咬合部分，直线转折处倒角，线条看起来更加柔和、连通。基本型旋转90°、180°、270°，同时黑白反色，这种手法生成变体，相互组合，得出很多种意想不到的拼接效果，形成了新的图像，增添了发现的乐趣。整体构成形成稳定的三角形，严谨而不失灵活。

圆的划分

矩形的划分

单元体一

单元体二

单元体的组合一

单元体的组合二

单元体的组合三

作者　闫璐

作业类型：**重复构成**

基本单元：**线与面**

基本方法：**形的重复与旋转**

特点分析：

基本单元由面和斜线所构成，适当组合后形成前后两层图案关系。视觉上，浮于上层的细斜线网格与下层横平竖直的色块形成很强的冲突与张力，增强了构成的深度与情趣。

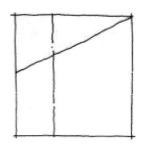

骨格线

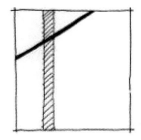

线与面的布置

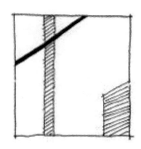

单元体

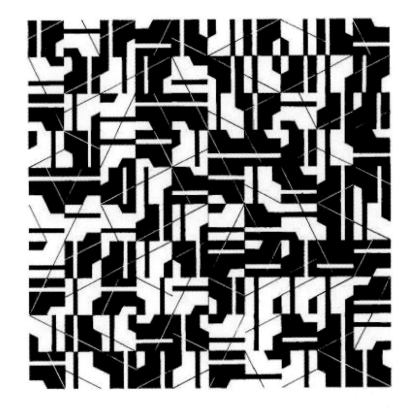

作者 金鹿

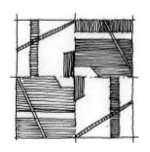

单元体的组合

作业类型：渐变构成

基本单元：线与面

基本方法：重复渐变

特点分析：

作品由两组互相垂直的三角形叠加而成，每组三角形又由中间向两侧逐渐增大，形成丰富变化。变化的规律性很强，易于识别，在变化中又相互交错转换，层次丰富，观赏角度很多。整体构图中心突出，图面稳定，在规律中寻求变化，视觉效果丰富。

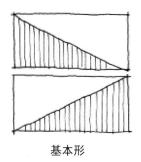

基本形

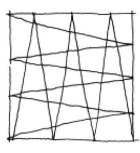

骨格线

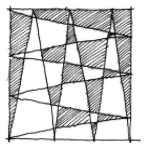

骨格线的叠加

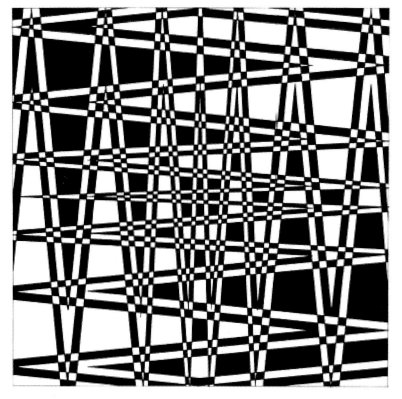

作者 潘睿

图底关系

作业类型：渐变构成

基本单元：圆弧

基本方法：重复渐变

特点分析：

分别以正方形的顶点为圆心，用呈等差变化的半径作弧，四组圆弧相交产生具有起伏翻转的奇妙效果。中心突出而醒目，是凹陷的中心，四个蛋形突起向外发散，形成稳定构图。作品立体感、错觉感很强，视觉表现力突出。

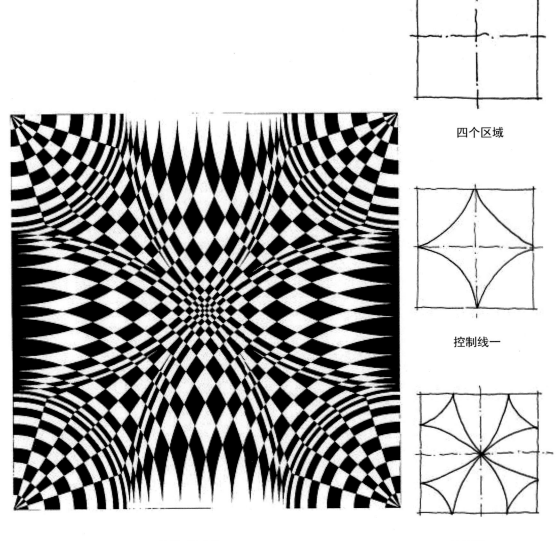

四个区域

控制线一

控制线二

作者 廖武林

作业类型：渐变构成

基本单元：圆、直线

基本方法：穿插渐变

特点分析：

该渐变构成作业灵感源自于深渊，意即创造一种越陷越深的意向。在骨格线的选择上，采用正交线由近及远到先密后疏继而再密的渐变。同时以中心为圆心，进行同样的渐变，创造出一个中心向里不断塌陷的情景，也有水波涟漪的效果。整体构成手法简练而意味明显，变化丰富，和谐统一。

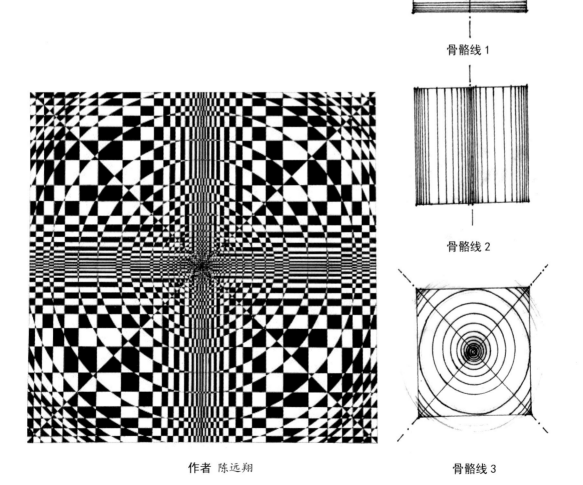

骨骼线 1

骨骼线 2

骨骼线 3

作者 陈远翔

作业类型：渐变构成

基本单元：线与面

基本方法：穿插渐变

特点分析：

将正方形图纸分成四块，每边均以等差数列划分，通过一定规律的连接，形成类似钻石的切割感，中心突出而醒目，是视觉焦点，四个较明显的小正方形的对角线互相连接又形成了一个嵌套的相差 45°的正方形。作品整体富于变化、璀璨夺目。

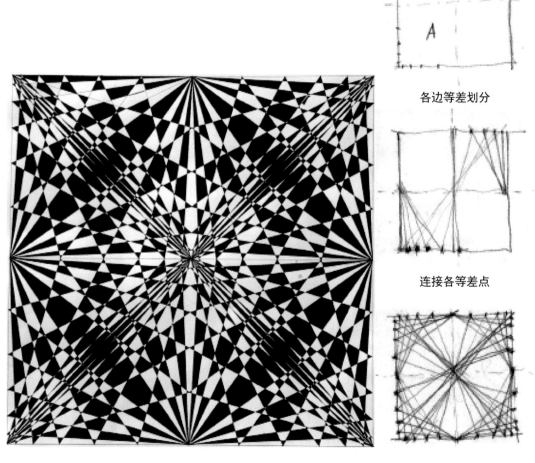

各边等差划分

连接各等差点

分格并填色

作者 雷雨虹

6 折纸肌理

6.1 肌理的概念

肌理即物质的触感，由于构造物体材料不同，表面的排列、组织、色彩存在差异，因而产生粗糙、光滑、软硬等不同感觉。我们也可以把"肌"理解为原始材料的质地，把"理"理解为纹理起伏的编排与组织，把肌理理解为人对不同材料质地单纯的感受和描绘。

6.2 触觉肌理与视觉肌理

因物体表面光糙、软硬、粗细等起伏状态不同所造成的肌理效果称为触觉肌理。因物体表面的色泽和花纹不同所造成的肌理效果称为视觉肌理。视觉肌理只能用眼睛才能分辨出来，触觉肌理能用手去触摸感受。然而人们并不一定通过触摸感知肌理，而是用眼来体会的，因为日常生活中积累了经验，用眼同样可以感觉到触觉肌理。

6.3 折纸肌理的设计技法

利用纸质材料本身的特征进行各种加工，比如切割、折叠、穿插、皱摺等方法，使其原有的肌理状态有所改变，造成新的起伏状态，应是创造肌理形态的主要方式。比如利用纸的柔软、光洁的特征进行各种操作，便可产生出各种不同于原材料的新的肌理形态。

其次，在折纸肌理形态设计过程中，应特别注意对光与影的分析处理。折纸肌理形态凸起在平面之上，宜使它们的阴影降落于适当的位置，以强调和夸张光影效果以及形态的立体感。因为折纸肌理形态不仅体现了材料的物质属性，而且反映了表面状态，细部状态、如果能恰当巧妙地利用光影效果，便可丰富形态的内涵和表现力。

6.4 折纸肌理训练模块

用纸经过切割、折叠形成浅浮雕式的肌理效果，是一种半立体的练习。

（1）要点

肌理练习就是创造出表面纹理编排的秩序感。用纸作出肌理效果，就是将纸按构思好的秩序，经过切割、折叠、穿插等手法，使平面的纸具有三度空间的立体感。在光的照射下，主次受光面、背光面、影子将会组成优美的韵律感。这种构成在建筑造型上起着非常大的作用，如高层建筑的表面处理、门窗、阳台、光影等都能产生出这种宏观的肌理效果。

（2）练习过程

① 在一片制图纸上先用铅笔画出骨格线，在适当的部位切割，然后朝不同方向折叠，并观察折叠后的光影效果。此时要多做不同的效果加以比较。

② 按试做后的方案，在较大的纸上做出折叠效果，并按规定的尺寸切割整齐。

③ 将做成的折纸粘在衬板上，衬板最好为深色，与白纸形成一定的对比效果。

④ 完成后的折纸肌理，从各个方向投光，研究光产生的阴影效果，观察光在造型表现上给予的影响。此时，立体造型在光源移动的同时产生变化，还可以看到具有时间要素的四次元的造型。

（3）注意事项

① 制作一定要细致，显示出一种精美感。为此在制图纸上可将骨格线用针划出痕迹便于折叠。

② 骨格尺度不宜过大，否则不易产生肌理效果。

6.5 折纸肌理优秀作业解析

作业类型：折纸肌理

基本单元：阶梯形

基本方法：面的重复与翻转

特点分析：

作品在竖向等距分割的基础上采用阶梯形加强斜向的纬度，阶梯形单元一正一负、一实一虚，又形成两组韵律。这样处理大大增强了层次感与视错觉感，从各个角度观察都具有丰富的光影变化。作品比例匀称、制作精细、层次丰富，视觉效果突出。

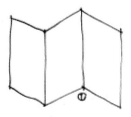

步骤一

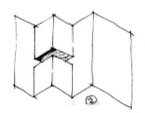

步骤二

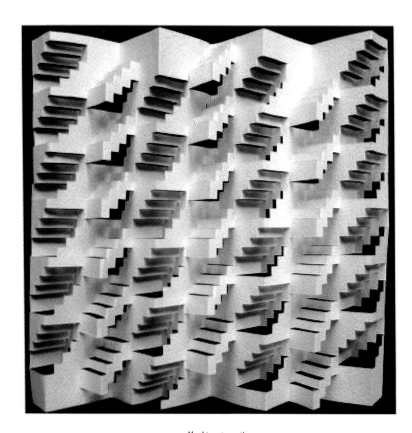

作者 王一勤

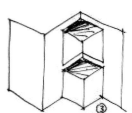

步骤三

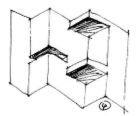

步骤四

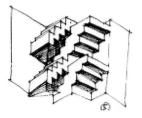

步骤五

作业类型：折纸肌理

基本单元：折面

基本方法：形的重复与对比

特点分析：

该作品主要考虑色彩上的对比效果，采用金色的卡纸与深蓝色的瓦楞纸，形成色彩上的强烈对比，单元体比较简单但多个重复可以形成比较鲜明的肌理效果，具有较强的视觉冲击力。

原形

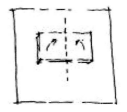

从中对折

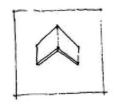

形成单元体

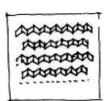

重复形成肌理

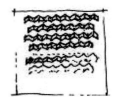

材质及色彩对比

作者 马威

作业类型：折纸肌理

基本单元：三角形与圆形

基本方法：重复、穿插与渐变

特点分析：

作品用等腰三角形以及圆形组合经虚实变化得到了两种单元体，并且通过渐变排列、组织透视关系使表面形成起伏效果。作品肌理层次丰富，黑白两色搭配色彩明快、特征鲜明。

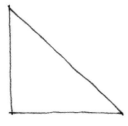 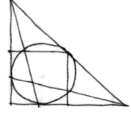 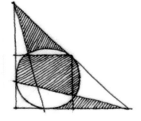 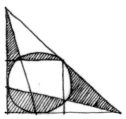

单元体 两种配色

增加变化

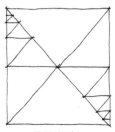

骨格渐变

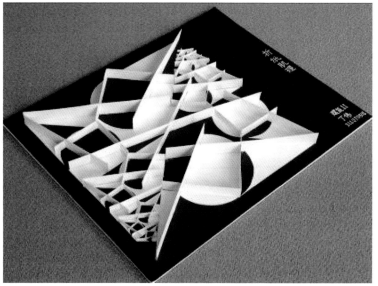

作者 丁伟

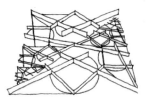

肌理效果

作业类型：折纸肌理

基本单元：方形与三角形

基本方法：消减和重复

特点分析：

作品在形体处理方面利用正方形中心点连接的方式，形成数组形式相近的三角形，并进行有序的消减和提升，漩涡的效果起到了较强的空间带入感，形成虚实相生的并列空间效果和较丰富的序列，同时黑白红三色给人较强烈的视觉冲击。

骨格线

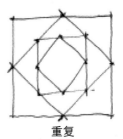

重复

色彩强调

作者　曹园园

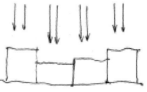

推拉

作业类型：折纸肌理
基本单元：方形折面
基本方法：重复与突变
特点分析：

作品以四棱锥侧面叠加作为单元体，并且在单元体重复的基础上进行单元体与骨格线的变异。色彩上采用黑与白、紫与绿两对互补色，和谐统一而富于冲击力。作品的丰富性体现在随着光线与视角的变化，会形成不同的色彩与明暗关系，体现了动与静、时间与空间之间的双重韵律感。

单元体

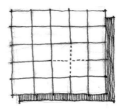

骨格变异

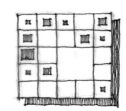

单体变异

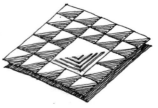

效果

作者 陈子奇

作业类型：折纸肌理

基本单元：矩形

基本方法：形的穿插与组合

特点分析：

该作品是由矩形纸片围合而成，具有很强的向心性。通过层层穿插叠加的环形显现出密集的簇拥效果，环形半径逐渐缩小并相互错动，使每个单元得以充分展示。相间布置的红黑两色极具视觉冲击力，局部的突变更增加了变化，丰富了视觉效果。

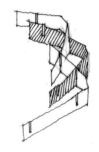

相互穿插

作者　谢婧昕

穿插成体

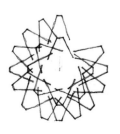

平面布置

作业类型：折纸肌理

基本单元：矩形

基本方法：形的重复与旋转

特点分析：

　　单元体立体感较强，较好的激发受众的联想。将部分单元体旋转45°与图底单元体相间排列，形成两组肌理效果，而且图底露出的绿色块也可视作一种重复的单元体。作品制作精细，色彩搭配清新干净，形态优美，错落有致，非常悦目。

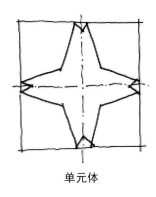

单元体

作者 范亚琪

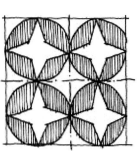

组合方式一

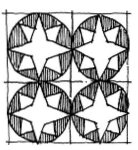

组合方式二

作业类型：折纸肌理

基本单元：棱柱

基本方法：形的重复与穿插

特点分析：

　　作品由规整的三棱柱层层垂直穿插而成，简约而肌理感强烈，光影变化极其丰富细腻。在斜面上形成多重阴影，而它们本身也可形成新的肌理，使肌理的层次更加丰富。

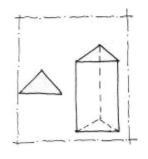

单元体

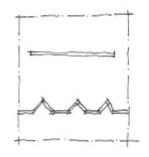

单元体断面

骨格网

作者　周鸣

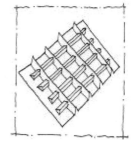

单元体穿插

作业类型：折纸肌理

基本单元：矩形

基本方法：形的穿插与组合

特点分析：

　　该作品由若干矩形构件以不同排列方式组成的骨架上下叠加，两组韵律的组合又产生了新的图底关系，增加了层次感，形式简约但变化丰富。左下角的空白形成突变，自然转化为视觉焦点。

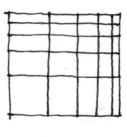

上层骨格

作者 李妮

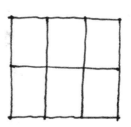

下层骨格

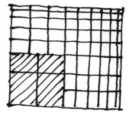

骨格突变

作业类型：折纸肌理

基本单元：圆

基本方法：堆叠

特点分析：

　　一般折纸肌理作业常常在探究纸的"3D"构成属性
——利用纸的扭转、拼接、堆叠来形成空间。而作品试
图从纸最为日常的"2D"堆叠属性入手，在二维尺度下
形成三维的空间效果：将纸上有着三维视觉特征的二维
图形掀起一角，将其背后的另一个二维肌理显露出来。
在这里二维和三维交融在一起，如同一个悖论。

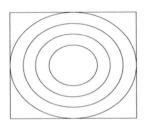

骨格线

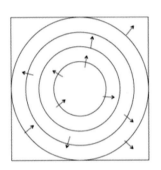

推拉

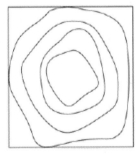

变形

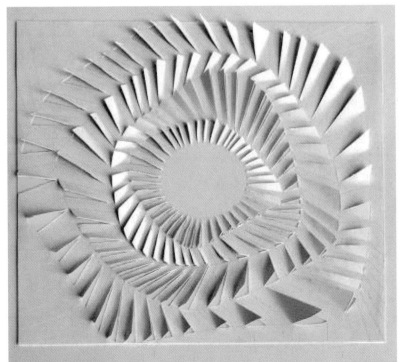

作者 梁睿哲

形成肌理

作业类型：**折纸肌理**

基本单元：**折面**

基本方法：**消减和重复**

特点分析：

作品由波浪折线形成的折面穿插长方形纸条形成。作者首先确定了具有黄金分割比的十字轴线，从轴线交汇点向外形成由密到疏逐渐变化的肌理并形成丰富的光影效果。白色的作品给人以纯净、神圣的心理感受。

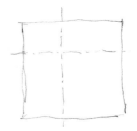

呈黄金分割比的
骨格线

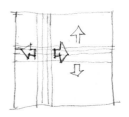

以等差数列安排
疏密关系

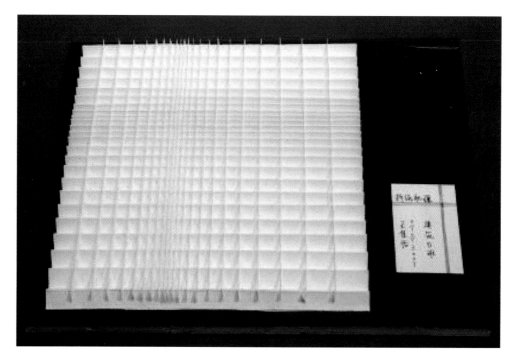

作者 王佳怡

作业类型：折纸肌理

基本单元：折面

基本方法：凹凸与重复

特点分析：

作品在竖向等距的骨格上，通过对矩形不同方向的分割，形成三种不同表情，在多层次的变化中形成肌理，并通过不同的表情与情绪暗喻百态人生。该作品比例匀称、层次丰富、做工精细，并且有一定寓意。

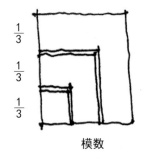

模数

哭　　笑　　平

表情

组合方式

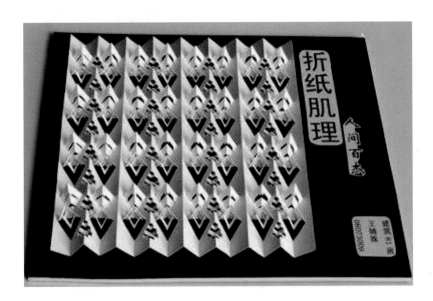

作者　王婧殊

凹凸与重复

作业类型：折纸肌理

基本单元：圆形

基本方法：渐变和重复

特点分析：

作品受水波涟漪效果的启发，以圆形作为骨格线并从三个圆心呈放射状扩散。同时，不同波纹乃至每个水波在高度与疏密上都不尽相同，相互高低穿插、错落有致，形成美丽有趣的视觉效果。手法干净纯粹，模拟形象生动，想象力丰富。

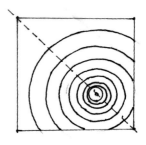

波纹 1
（由内向外扩散）

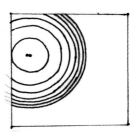

波纹 2
（由内向外收缩）

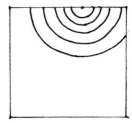

波纹 3
（由内向外扩散）

作者　闻婷

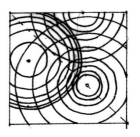

平面关系

作业类型：折纸肌理

基本单元：曲线与曲面

基本方法：重复与叠加

特点分析：

该作品构思灵感源于回旋的流水，以"回"字形作为基本骨格线，将曲面沿骨格线交错排列，宽窄的渐变形成流水曲折涟漪的效果。

骨格线

平面波动效果

曲面波动效果

形成肌理

作者　周亦蓝

7 立体构成

7.1 立体构成的概念

立体构成是以一定的材料，以视觉为基础，以力学为依据，将造型要素按一定的构成原则，组合成美好的形体。它是研究立体造型各元素的构成法则，其任务是揭示立体造型的基本规律，阐明立体设计的基本原理。

立体构成是由二维平面形象进入三维立体空间的构成表现，它与平面构成既有联系又有区别。联系的是：它们都是一种艺术训练，引导了解造型观念，训练抽象构成能力，培养审美观，接受严格的规律训练；区别的是：立体构成是三维度的实体形态与空间形态的构成。结构上要符合力学的要求，材料也影响和丰富形式语言的表达，立体构成是用厚度来塑造形态，它是制作出来的。立体构成离不开材料、工艺、力学、美学，是艺术与科学相结合的体现。

7.2 立体构成训练模块

（1）要点

将立体单元（线状、板状、块状）在尺度上（长度、厚度或面积）按某种数学规律变化，形成渐变主体单元，再将这些单元按一定规律进行排列或叠积，从而构成一新的富有韵律的立体形态。

这是一种数理的秩序，用科学的方法形成的构成手法，构成的形态韵律感强，而韵律会给造型以生命感。韵律的多样统一容易把握，它在显示速度感、运动感等方面表现出奇特的魅力。

（2）操作过程

① 首先对所要构成的形态作充分的构思训练，将构思所要表达的量感变成有形的东西勾画出草图，进而考虑采用何种基本单元体。

② 将基本单元体按某种数学规律渐变 （如长度按等差或等比变化），做出若干个渐变基本单元体。

③ 基本单元体再按某种数学规律进行构成，例如将渐变单元按螺旋线排列或叠积

起来，构成一新的形态。

④ 基本单元构成一个形态，也可构成两个以上形成一组，要观察构成后的形态所表现出的韵律感以及生命力。

（3）注意事项

① 在草稿阶段必须要创造丰富的形象，充分发挥想象力。

② 各单元体加工制作要精细，构成后的形态粘接要牢固，力学性能要好。

③ 底盘颜色与主体要形成明度上的对比以加强视觉效果。

④ 构成后，各个方面观察都具有良好的形态。

7.3 立体构成优秀作业解析

作业类型：立体构成

基本单元：曲线、直线与面

基本方法：面的翻转与穿插

特点分析：

采用统一单元体为构成要素，进行重复、组合、翻转与穿插，辅助单元体的变形体为协调要素平衡整个图面。单元体采用一主两次的布局方式，主体形态明确且突出，能够很好地统摄整个空间，次体再次强调主体的形态，配合主体，突出空间层次。

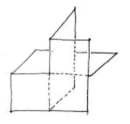

面的翻转

单元体划分

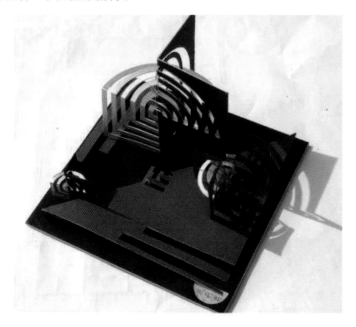

作者 抗莉君

单元体布局

作业类型：立体构成

基本单元：曲线与曲面

基本方法：线、面的重复与渐变

特点分析：

作品由自由曲线形成自由曲面，再通过一个拔高的纵向自由曲面完形，共同形成了一个自由体。在这个自由体内部，各部分都是由相同的基本元素组成，使其整体看起来线条多变但并不杂乱。

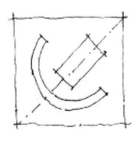

平面布置

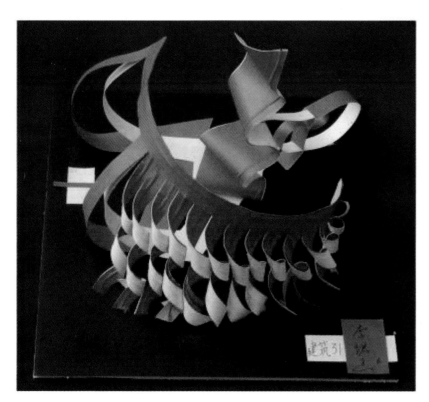

作者 李珺杰

形成曲面

细部处理

作业类型：立体构成

基本单元：曲线与折线

基本方法：环绕与围合

特点分析：

　　作品灵感源于工程管线所特有的密集排布而又井井有条的观感。单元体由翻折的线条形成多个折叠的面，既统一协调又富于变化，进一步由多个折面形成整体形态。在单元体中注重平行线条与垂直线条的应用，并由此形成了曲面，从而加强了整体感。线条投影与线条本身形成二次叠加，错综复杂而活泼生动，光影效果十分突出。

构思灵感

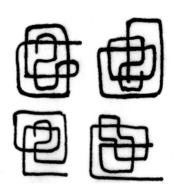

单元体变异

作者 陈雷磊

形成结果

作业类型：立体构成

基本单元：线与面

基本方法：设立与穿插

特点分析：

该作品由三维空间内垂直相交的线和面构成，通过横竖线形成框，进而由面穿插其中，塑造出一个纵横交错、虚实相生的构成体。在材料处理方面，深浅搭配、虚实对比、层次丰富。整体由深棕色框型材贯穿，形成视觉焦点。

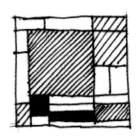

空间构成

作者 甘远哲

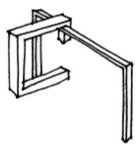

线的搭接

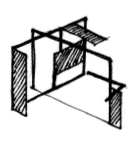

线面搭接

作业类型：立体构成

基本单元：矩形

基本方法：重复

特点分析：

　　城市是一个高低错落的立体系统，应当丰富而各具特色。然而现在城市中建筑的相互模仿、抄袭，导致了建筑的千篇一律，如同克隆出来的细胞一样。作品试图用讽刺的手法来提醒人们去探索每个城市的个性和特征，而不是将城市普世化。

细胞克隆

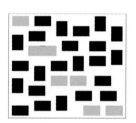

建筑克隆

作者　梁睿哲

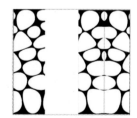

表皮重复1

表皮重复2

作业类型：立体构成

基本单元：曲线与曲面

基本方法：环绕与穿插

特点分析：

作品由天鹅起舞而来。以钢丝为核心，用轻薄的纸条将钢丝包裹，使构成单元显得柔和而充满力量，形成由线组成的曲面穿插与环绕。使得构成实中有透，而且表现出线、面、体三重要素的转换与联系。并且由于内部有钢丝作为支撑，结构更为牢固，造型更加大胆新颖，表现"起舞"的柔美与力量。

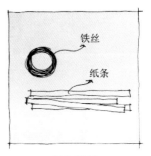

制作材料

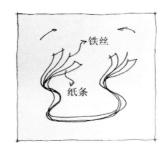

弯曲

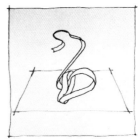

曲面

生成形体

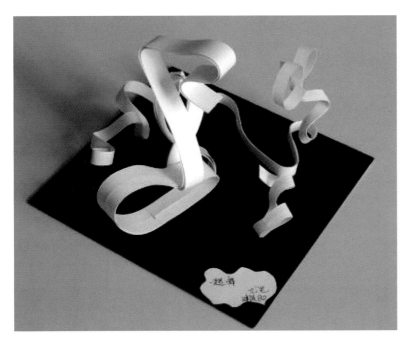

作者 尤艺

作业类型：立体构成

基本单元："弓"形

基本方法：中心发散

特点分析：

　　该作品以"弓"形为母题，将各个单元体围绕中心发散布置，参差错落，摇曳生姿，富于动感，构思非常新颖。

基本型"弓"

基本型的抽象

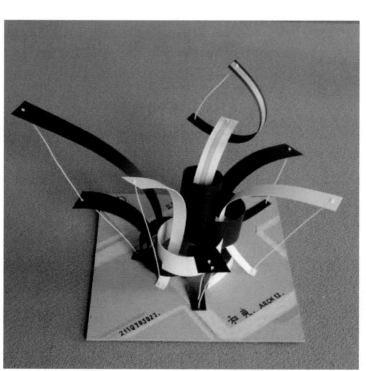

作者 和爽

中心发散的布置

作业类型：立体构成

基本单元：点与线

基本方法：重复与渐变

特点分析：

该作品由图钉和 PVC 管构成基本单元，形成高低错落、疏密有致的心形图案，柔韧的 PVC 管与图钉可左右摆动，极具动感，声音悦耳，加上灯光的设置，动感更加绚烂。

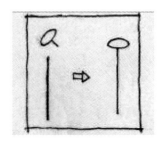

基本单元

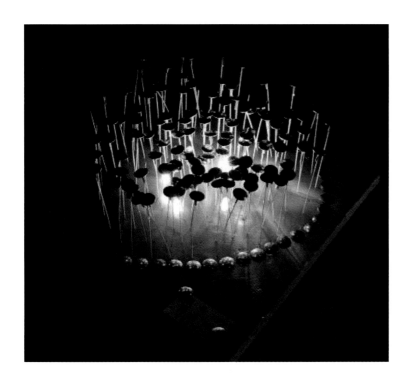

作者 蔺洋阳

平面布局

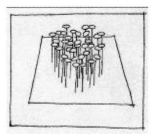

最终效果

作业类型：立体构成

基本单元：圆锥体

基本方法：形的重复与渐变

特点分析：

    该作品由近乎于圆锥体的单元体组成。单元体沿圆弧线密集排布形成强烈的围合感，与主体产生明显的主从关系。单元体的色彩搭配与端部类似火焰的形象处理给人以热烈、活泼的心理感受。

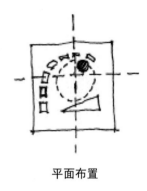

平面布置

作者 赵晨

单元体渐变排列

围合

8 空间组织

8.1 空间限定的概念

空间限定是指利用实体元素或人的心理因素限制视线的观察方向或行动范围，从而产生空间感和心理上的场所感。空间场所形成的关键因素是一定的空间围护体的确立。不同形态的空间界面可以限定出不同的空间，使人产生不同的心理感受和空间感受。

8.2 空间限定的类型

空间的限定大致可分为以下两种类型：垂直方向限定，通过竖向围合的方式来限定空间；水平方向限定，以底面的升降或顶面的覆盖等方式来限定空间。垂直方向限定空间的方法主要有围合与设立。水平方向限定空间的方法有覆盖、肌理变化、凸起、凹进、架空等（图 8-1 和 8-2）。

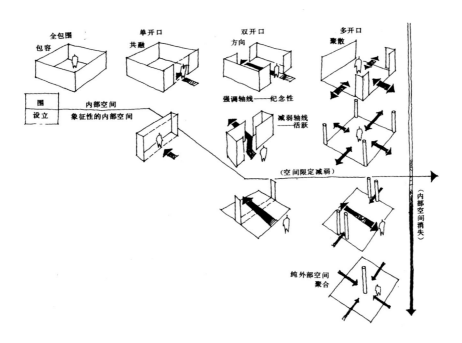

图 8-1　垂直方向的构件限定空间

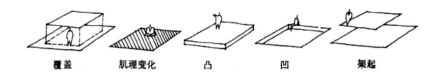

图 8-2　水平方向的构件限定空间

8.3　空间组织的概念

　　空间组织即对多个空间单元进行组织编排，它取决于单元各自体现的不同使用功能，以及不同功能发生的先后次序和主从关系。归纳起来，这些关系可以分为并列、序列和主从等基本形式，从形态的角度着眼，空间的组合关系与这些形式相吻合。

8.4　空间组织的类型

8.4.1　并列空间

　　各单元功能相同或者功能虽不同却无主次关系，则形成并列空间。

　　这类空间的形态基本上是近似的，互相之间也不易寻求次序关系，因此最方便的组合方式乃是利用骨格与基本形的关系。骨格的形式可以是线型、放射型或网格型，形成重复构成或渐变构成，在此基础上将骨格网、骨格线与空间的物质结构构件重合起来，并将基本形态单元作积聚、切割、旋转、移位、分散等操作，可以形成丰富多彩的空间组合形态。

8.4.2　序列空间

　　序列空间指空间按照一定顺序展开，具有一定秩序感和时间感。

　　在序列空间设计时要注重空间的大小高低、狭长或开阔的对比，以及空间中实体建筑界面的变化和联系。序列空间本身有序，因此空间组织的操作重点则在于创造变化，空间形态设计应抓住不同风格特征，构成有特色、有个性的空间序列。

8.4.3　主从空间

　　空间各单元功能的重要性不同，空间的形态也要服从这种关系，从而形成主从空间。

　　在一组空间中，一般尺度较大的空间是主空间，位置居中的空间是主空间，多次限定得到的空间是主空间，序列中高潮所在的空间是主空间。空间形态中的主从关系是对比的关系，主从空间往往形成非规律性构成，因此做主从空间的设计操作时，应强调同一性因素，以形成协调统一的整体关系。

8.5 空间组织训练模块

（1）内容

运用空间限定的不同方法，形成多个基本空间，并将其组织为三组不同形式的空间组合，即序列空间、并列空间、多次限定的主从空间。

（2）要求

利用卡纸、吹塑纸、木条、铁丝等简单材料，制作三个组合空间的模型。

（3）注意事项

作业训练学生对空间形态进行组织和情态塑造的能力。在设计和制作中，应注重研究空间之间的前后关系和联结关系，各个空间不同情态特征的对比协调关系，以及组合体整体的情态氛围。作业训练中，还应综合运用前面各章节提供的原则和方法，诸如基本形和关系元素的关系、肌理和色彩的设计、基本操作方法的应用、形态力的分析等，协调好空间形态与实体形态之间的辩证关系，掌握塑造空间形态的构成方法。

8.6 空间组织优秀作业解析

作业类型：并列空间

基本单元：圆弧面

基本方法：面的围合

特点分析：

　　作品在形体处理方面利用直线与圆弧的相切、相贯关系来划分空间，直线分隔、圆弧贯通，形成高低错落、分合有致、虚实相生的并列空间效果。

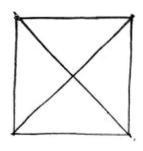

分为四个区域

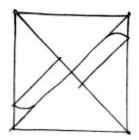

并列空间一分为二

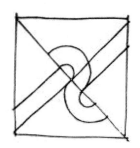

分之又联

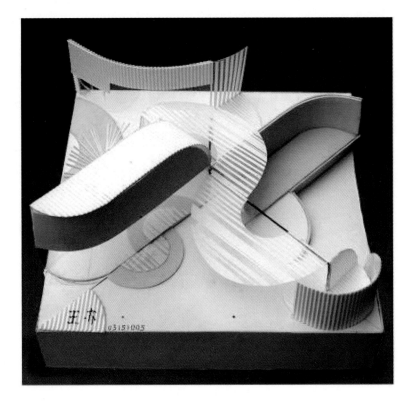

作者 王齐

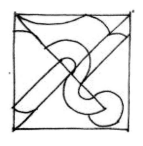

弧线柔化边角

作业类型：并列空间

基本单元：圆弧面

基本方法：面的围合

特点分析：

　　该作品利用高低错落的曲线墙面以及蓝白相间的色彩对比，营造出行云流水般的空间体验。结合曲线墙面穿插布置洞口的处理极大丰富了空间层次，使各空间之间进一步自由交融渗透。

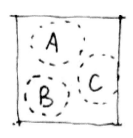

三个空间

墙的围合

立面虚实处理

作者　王风涛

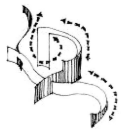

曲线带来空间流动感

作业类型：并列空间

基本单元：圆拱

基本方法：行的重复与组合

特点分析：

作品以半圆拱为单元体，在体量与质感上加以变化，从而使形体形态丰富，不同视角均有变化多端的线面体形关系。单元体与底板呈 45°角方向错位排布，具有极强的跳跃感。作品色彩搭配朴素而和谐，又不失微妙的对比关系，给人以悦目的视觉感受。

单元体

平面布局

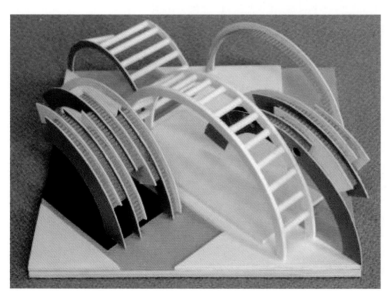

作者 陈子奇

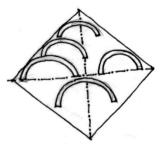

空间构成

作业类型：并列空间

基本单元：正方形

基本方法：围合、镂空

特点分析：

　　该作业设计特点体现在三个方面。一是平面关系的生成方式——在 4×4 网格及斜线划分的基础上形成和谐对称且平衡的平面划分。二是形成多组并列空间——从斜对角线划分的两个大三角形到两个交错的"L"形空间亦或是端头的小三角形空间、较低的体形空间等。多种多样的并置空间形式给人以探索发现的欲望。三是空间的镂空及色彩处理——升起的支撑部位根据需要进行镂空处理，形成通透性效果，光影变化丰富。色彩采用黑灰白，低调而简洁，旨在将注意力留在形体本身。

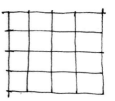

骨格线

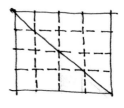

一分为二

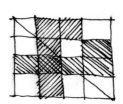

空间并列

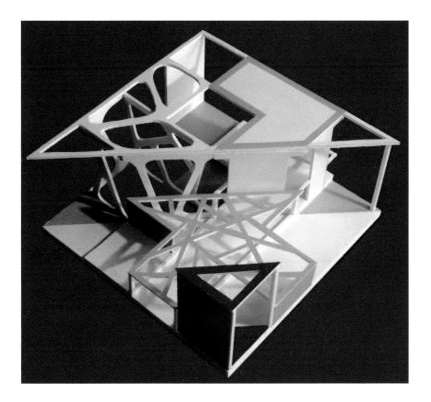

作者 段思宇

平面关系

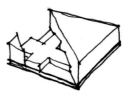

高度变化

作业类型：并列空间

基本单元：方与圆

基本方法：形的重复与叠加

特点分析：

　　作业构思源于方与圆的平面单元体，意在将其从水平的尺度转化为立体的尺度。将单元体重复、交错、解构，提取点、线、面元素，利用升起、覆盖、围合等多种手法塑造空间，并赋予黑、白、红三色，意在表现感觉上均衡而非面积相等的并列空间。

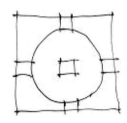

单元体

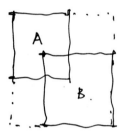

单元体并列

点、线、面元素解构

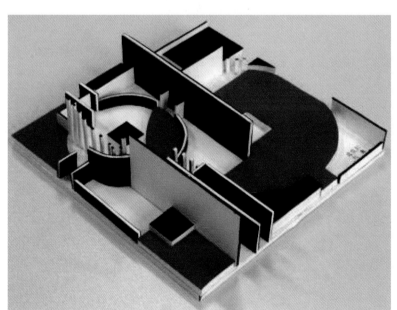

作者　刘鑫

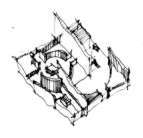

形成空间

作业类型：并列空间

基本单元：曲面

基本方法：重复与穿插

特点分析：

作品以圆柱形曲面形成单元体，它们并排相连形成整体。每一个单元体并不完全相同，纸带宽窄各异并有曲折变化，形式丰富多变而又统一协调。两条水平的纸带打破原有的规律，形成对比。整个作品形体简洁但给人带来丰富多变的视觉感受。纸带本身相互并列，而且中部纸筒也形成了多组并列空间，切合作业主题。

单元体

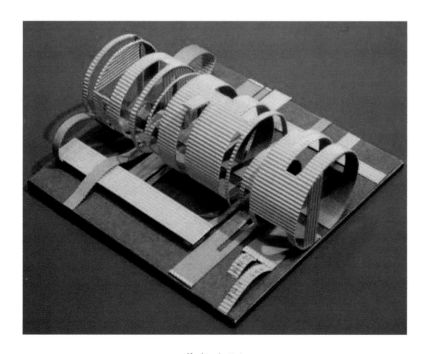

作者 宋丹娜

单元体组合

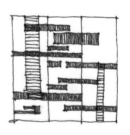

平面关系

作业类型：并列空间

基本单元：立方体

基本方法：体块穿插组合

特点分析：

　　作品在形体处理方面利用正方形体块间的旋转、穿插关系来组合、划分空间，形成了高低错落、分合有致、虚实相生的并列空间效果。为避免单调，在顶面及侧面打破正交规律，作斜线镂空处理，生动有趣。

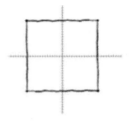

单元体

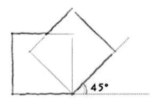

旋转

流线

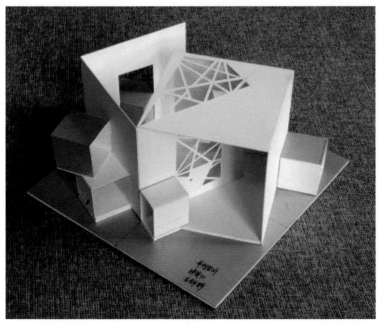

作者　王舒野

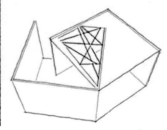

虚实

作业类型：并列空间

基本单元：折面

基本方法：形的减缺与位移

特点分析：

作品的灵感来源于传统的冰花窗，窗户另一面的事物有着隐隐约约，若隐若现的感觉。作者运用虚实对比、高低对比的处理手法，将两个并列的空间组合到一起，形体变化丰富，光影效果强烈，虚实处理得当，并且做到了视线上的沟通与交流。

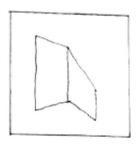

基本单元

虚实对比

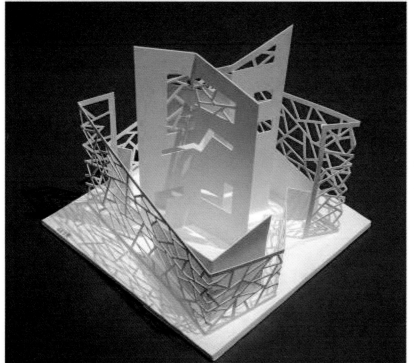

作者 姚文英

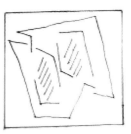

形体组合示意

空间并列

作业类型：并列空间

基本单元：方与圆

基本方法：形的穿插与组合

特点分析：

　　作品由穿插的形体形成两个弱限定的空间，通过明快的色带将其联系起来，使这两个拱形的空间既独立又有部分相互重叠，人置身其中能明显感觉到空间形态的变化，层次丰富，空间体验很有趣味。

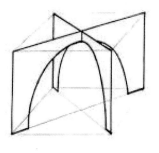

单元体

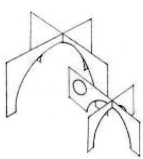

单元体的组合

作者　朱源

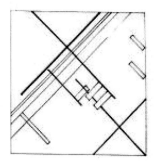

平面关系

作业类型：并列空间

基本单元：弧形面

基本方法：围合与设立

特点分析：

作者将方形面按一定角度切割，一分为二形成相似梯形，然后折成曲面形成基本单元。综合采用围合、设立的方法，以三角形构图法则形成并列空间。

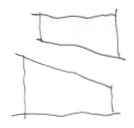

基本形的划分

分解单元体

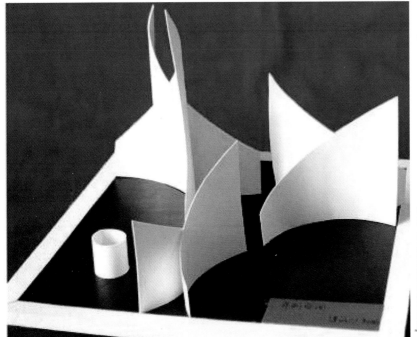

作者 祁昭

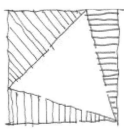

平面关系

形体组合

作业类型：序列空间

基本单元：圆柱体

基本方法：形的重复与组合

特点分析：

以圆为基本形，变化出多种相似形体。在垂直和水平两个纬度展开序列，将相似元素用不可见的流线串联。序列的中段提供两种选择，末段又相互融合，形成了完整封闭的回路，构成了循环的序列。利用相似形体的体量差异，塑造出构图中明显的统治单元和附属单元，使构图均衡完整。利用黑色和黄色的强烈对比，突出序列走向。

单元体

单元体的演化

流线组合

作者 来震宇

得到结果

作业类型：序列空间

基本单元：矩形

基本方法：穿插、覆盖

特点分析：

该作业由矩形单元体搭接而成，构成方面受蒙德里安色彩构成影响进行块面分割，层次分明、造型简洁。序列流线组织采用立体穿插方法，通过各种空间限定手法营造起一承一转一合的空间序列，变化丰富而有序。色彩处理以黑、白为主，简洁明快，辅以红色点缀又不失生动活泼。

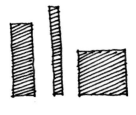

单元体

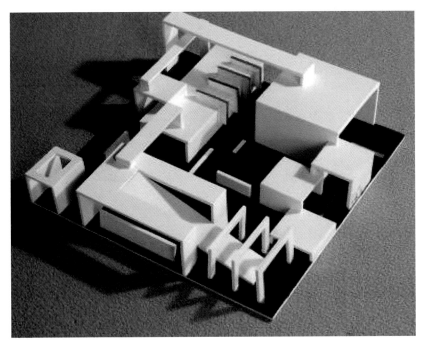

作者 车媛洁

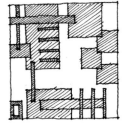

平面划分

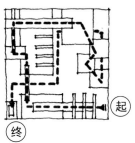

交通流线

作业类型：序列空间

基本单元：不规则四边形

基本方法：重复、穿插

特点分析：

　　在这个作品中采用同一个元素——不规则四边形——的不同组合形式来形成不同的空间体验，如门洞的重复并置、墙体的错叠、地面的间隙、楔形光带的引入。同一元素的反复应用形成了完整而致密的空间。

入口重复

墙体错叠

地面间隙

作者　梁睿哲

楔形光带

作业类型：序列空间

基本单元：折面

基本方法：形的扭转与穿插

特点分析：

该设计以折线面为基本单元，通过折线面在水平方向的宽窄变化和竖直方向的错落穿插形成丰富的序列空间变化，很好地诠释了序列空间的变化与转合。序列在最高处结束且与开始处形成呼应，从而在序列上达到高潮。

单元体

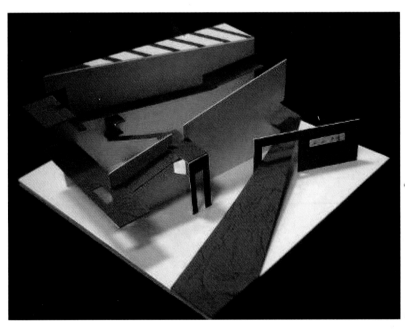

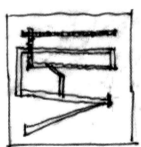

平面关系

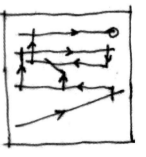

流线组织

作者 卢倩

作业类型：序列空间

基本单元：曲面

基本方法：扭曲与组合

特点分析：

该作品模仿山体，人行走在其间，缓缓上升，路线蜿蜒曲折，开洞的地方成了视觉中心，让人想到别有洞天，从而引领人们继续向前，达到引导、组织序列的目的。作品色彩搭配醒目，制作精细，材料质感效果突出，是一个优秀的序列空间作业。

山的意象

形成序列

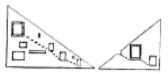

立面效果

作者 朱源

作业类型：序列空间

基本单元：半圆与圆弧

基本方法：抽象与形的重复

特点分析：

该作品灵感来源于绘画，由"母与子"图的意象抽象成平面的基本雏形，对基本形进行重复与组合，虚实结合，最后形成富于变化的序列空间，趣味性十足。

"母与子"图

图形的抽象

空间序列的组织

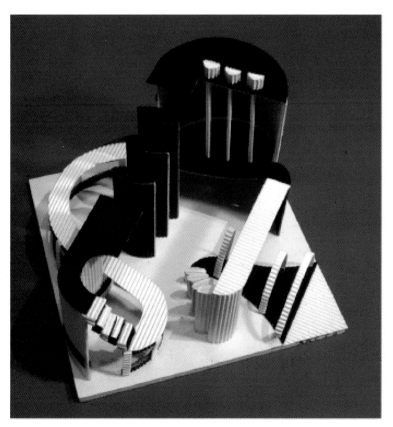

作者 纳晶晶

流线示意

作业类型：主从空间

基本单元：线、三角形和梯形

基本方法：形的重复与组合

特点分析：

该作品的特点主要表现在三个方面：（1）以扭转的十字轴为主线，以轴心作为各个部分回转、升起与聚合的中心。（2）考虑整体的平衡感，在较为空旷的两侧升起两条支线与远处的中心相呼应。（3）运用红、黑、白三种相互对比强烈的色彩，营造活跃的氛围。

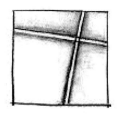

扭转的十字轴

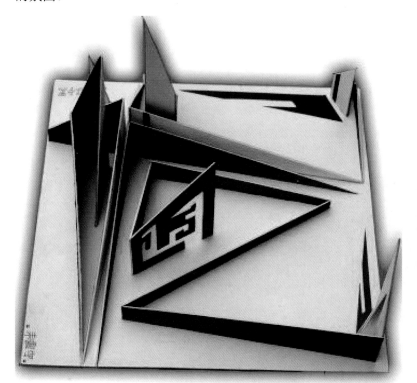

作者 来震宇

附加迂回的纹样

形成疏密有致的布局

高度变化

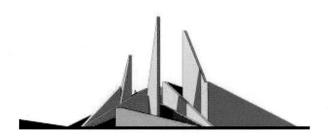

立面主从关系

得到结果

作业类型：主从空间

基本单元：圆弧面、线、球体

基本方法：围合与穿插

特点分析：

作者的灵感来自于下沉广场，以台阶围合中心的水池或铺地，人群可穿行其中。以大面积的圆弧面围合中心的半球，并用线穿行其中，打破过于强烈的围合感和整体感。"主空间"虽然体量较小，但它的中心位置及赋予的耀目橙色，都显示了它的主体地位；周围的"从空间"体量较大，但做了虚实处理，体现出为围合"主空间"而服务的目的。

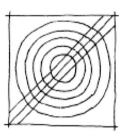

圆弧与线的穿插

弧形墙的围合

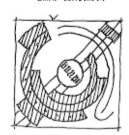

细部调整

组合

作者 毛新丽

作业类型：主从空间

基本单元：多边形

基本方法：形的重复与组合

特点分析：

　　该作业灵感源于商业综合体中建筑形式：连廊、中庭、出挑等元素。主空间与从空间形式相似，但体量、高度及复杂程度不同，以此来加以区分，达到一目了然、简洁明快的感受。色彩上使用粉、白两色，色彩分明，亦有简明之意。

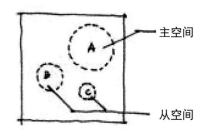

平面体现主从

立面体现主从

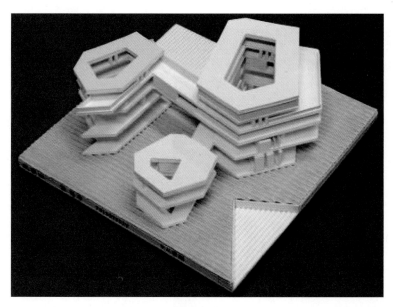

作者　段思宇

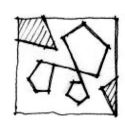

平面布局

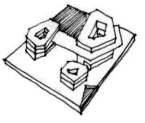

形体生成

作业类型：主从空间

基本单元：六面体

基本方法：穿插与组合

特点分析：

　　该作品受解构主义的影响，通过对长方体的变形与拉伸形成单元体。在群体组合方面，透过冲突与无序，通过体量大小悬殊对比形成清晰而明确的主从关系。在对有序的结构否定过程中寻找内在的秩序与张力。

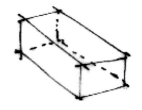

单元体

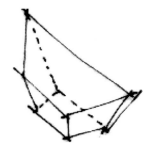

拉伸变形

作者　李兆琳

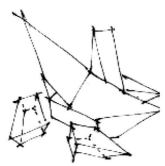

主从关系

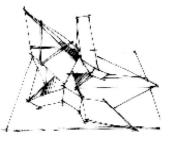

虚实关系

作业类型：主从空间

基本单元：梯形

基本方法：序列、穿插

特点分析：

作品以梯形为基本构成元素，成体成面，先顺序排列，再利用长方体在其中间进行穿插，将三个形体连接为一体。主空间体量最大，并且从色彩上将其与从空间明显区分出来，形成明确的主从关系。

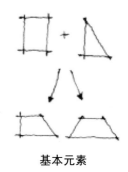

基本元素

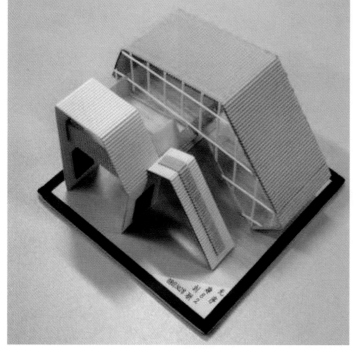

作者　刘妍

形体主从关系

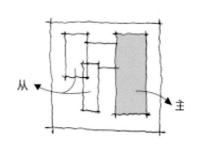

色彩主从关系

作业类型：主从空间

基本单元：折面

基本方法：围合与升起

特点分析：

作品试图营造一个适合"弈棋"的空间。首先平面以九宫布局，并突出主体，将中部放大，然后采用围合、升起等空间限定手法，将中部"弈棋"主空间加强，与周边从空间形成强烈对比。围合方式多种多样，通过材料、虚实、色彩的变化使作品丰富多彩、主从突出。

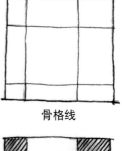

骨格线

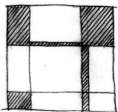

图底关系

平面布局

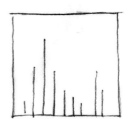

立面布局

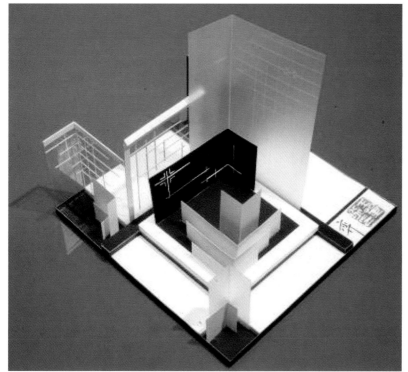

作者 王单珩

作业类型：主从空间

基本单元：多边折面

基本方法：形的重复与覆盖

特点分析：

　　该作品首先在形体处理上简洁、明快，仅采用两个连续的折面就塑造出丰富的主从空间。其次在构图上将主空间布置于轴线交汇处，布局突出了主空间。再次，利用覆盖、空透等手法使主空间突出而不呆板，体量大而轻盈。在色彩处理上大胆使用橙色，形成强烈对比，是点睛之笔。

平面构图

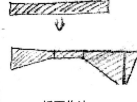

折面作法

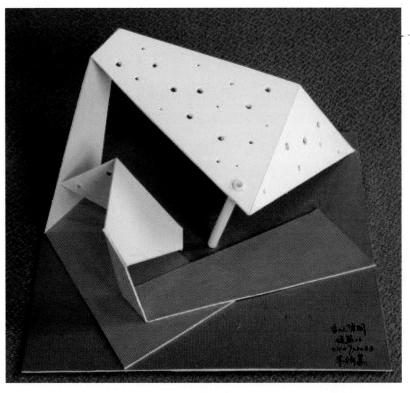

作者　朱倚蓁

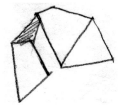

折面1

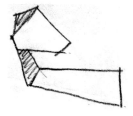

折面2

作业类型：主从空间

基本单元：片墙与孔洞

基本方法：穿插组合

特点分析：

该作品创作灵感来源于密斯·凡·德罗的由片墙组织的流动空间，在平面布局上，通过外部伸展、内部紧凑的方式形成对比进而实现"主"与"从"的区分，同时利用高度的变化对主体空间做进一步的强调，从而达到清晰明确的空间组织效果。

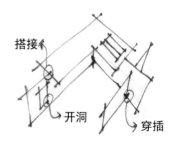

组合手法

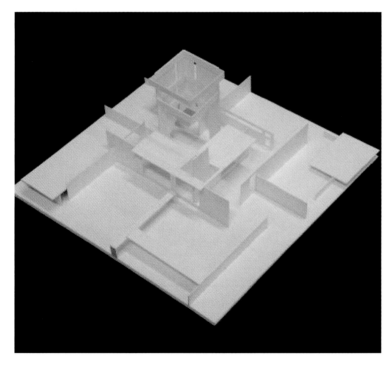

作者 李晓明

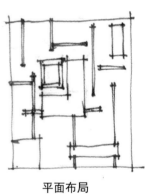

平面布局

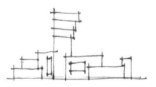

高度变化

作业类型：主从空间

基本单元：立方体

基本方法：形的分割、位移与重复

特点分析：

　　该作品主要使用了三种构成手法：首先是分割法，将立方体进行减缺、位移以及旋转处理，确立其构成的主体格局。其次是单元的重复，通过对方形体的重复组织达到整体统一协调的目的。再次是运用主次、虚实、色彩、肌理等对比手法，使整个造型更为生动丰富。

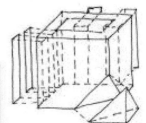

单元体

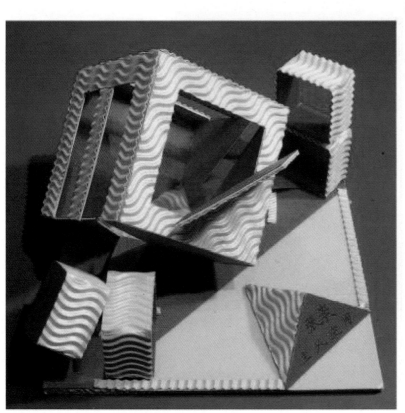

作者 张崇

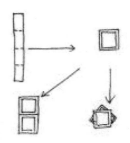

形体减缺与位移

重复单元体

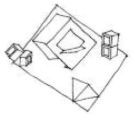

组合完成

9 展览空间

9.1 展览空间的设计要领

　　展览空间要求学生用给定的墙和柱两种构件，在指定的底板上设计一组单层的展览空间，其中墙的尺寸是 30mm×30mm×6mm，柱的尺寸是 6mm×6mm×30mm，底板的尺寸是 300mm×300mm。这也可以理解为：按照 1：100 的比例在一块 30m×30m 的场地上用建筑中最常用的墙和柱来限定划分空间，形成可供展览的场所，而展览的内容则不限。其中的墙柱可以不透明，可以半透明，也可以全透明，表面的纹理、色彩、材质也都可以根据需要自定。

　　这既是一个有利于充分发挥学生创造力的作业，同时也是一个全面检验学生所学知识技能的作业。首先，它对学生创造力的限制很少，作业不限定展览的内容、对象和方式，一切由学生自定。学生可以完全根据自己的喜好来确定到底展出什么以及如何展出，充分实现自己的意图与构想。然而，限制少的作业并不意味着容易做，它隐含的要求其实更高。简单解释一下，这个作业隐含的要求一般包括：

　　（1）作业的整体感要强，应有很强的识别性。这意味着作业的平面构图划分及色彩应用要有较强的视觉冲击力及趣味性。

　　（2）比例恰当，空间构图稳定均衡，重点突出。入口空间及展览核心空间应有明显的标志性和领域感。展览核心空间并不是单指一个空间，而是指一组联合空间，它们之间的关系可根据设计意图灵活设置，可以是并列空间，可以是序列空间，也可以是主从空间，或者什么关系也没有，就整个是一组流通空间。从入口空间到展览核心空间之间的序列过渡要自然流畅，入口空间要和谐地融入整体，成为整体不可分割的一部分。

　　（3）灵活使用两种构件，虚实相生，疏密相间，掌握好空间的限定强度。空间虽总体要求灵活自由，但也需要一定数量的停留空间以安放展品或驻足休息。流通空间的限定弱，而停留空间的限定强，因此流通空间与停留空间的设置要仔细斟酌，不能一实到底、一密到底，也不能一虚到底、一疏到底，它们之间平衡度的把握要以有利于增强空间层次感为目的。

　　（4）对空间层次感的把握要做到恰如其分。一般说来，对空间层次的感知最好以三个层次为宜，过多则易眼花缭乱，太少则平淡乏味，没有进深感。因此在进行展览空间的设计时，从任何一个视角看过去，都需要有近景、中景、远景三个层次，这样才能满足多角度观赏的要求。为了增加层次感，学生在制作时可以自由选择不同材质、不同透明度的构件，或作遮挡处理，或作镂空处理，力求趣味性。这样会非常有利于提高学生的空间感。

与前面的六个作业相同，展览空间作业的审美标准仍然是"简洁"。上面四条要求中的前两条主要是对"简"的要求：构图规律要容易识别，给人印象深刻，比例优美，色彩冲击力强。后面两条则是对丰富度的要求：虚实得当，疏密相间，空间层次要丰富。只有在设计制作中反复推敲，仔细体会，才能真正理解领会空间设计的奥妙之处。

9.2　展览空间训练模块

（1）内容

根据空间限定的基本原理和方法，利用指定的二种基本构件，限定出一组可供展览的空间形态。

构件尺寸是 30mm×30mm×6mm 和 6mm×6mm×30mm，底板的尺寸是 300mm×300mm。

（2）要求

在指定的地段条件中设计、制作模型，所使用的实际材料不限。

（3）目的

培养空间构成的思维能力，理解并熟悉运用实际物质材料限定空间形态的基本原理和基本方法。对于展览入口标志性、识别性的处理，展览流线组织，展览可能性、适宜性等的分析，有助于学生加强对空间设计功能性特点的体会。但应注意训练的重点仍在于对概念性空间形态的构成。

（4）注意事项

① 模型与底板的色彩在明度上要有一定对比，色彩可采用协调色或对比色。

② 注意将空间限定的方法与展览空间的功能要求巧妙结合起来。

9.3 展览空间优秀作业解析

作业类型：展览空间

基本单元：线与面

基本方法：围合与设立

特点分析：

以六边形单元体为母题，组织周围的五个次展厅与中心主展厅，空间主次分明，流线组织顺畅。垂直面采用玻璃材料，在色彩、虚实、材质等方面与基底形成强烈对比。

六边形单元体

主从划分

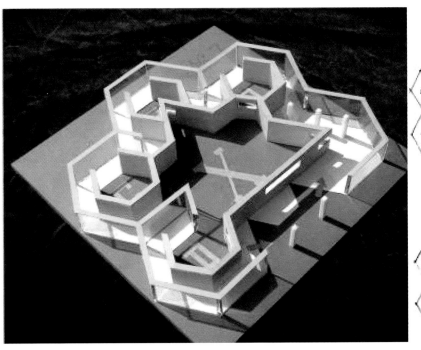

作者 王一勤

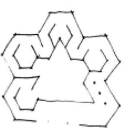

流线组织

作业类型：展览空间

基本单元：线与面

基本方法：围合与设立

特点分析：

作品将十字旋转45°进行平面划分，形成虚实对比、动静分立、主次相生的展览空间。展区的基本形态由"L"形片状元素围合，并以水平线性元素穿插形成展览空间指向性。方形空间形成中心主空间，四周形成空间感受、拼接方式均不同的次空间，空间层次连续而且丰富。此外，黑、白、红的经典配色方式使展览空间沉静而不失活力。

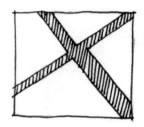

空间划分

二次划分

空间限定

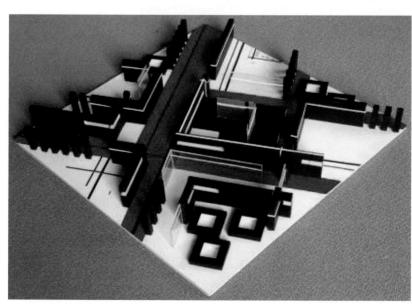

作者 范若冰

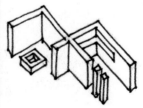

细节处理

作业类型：展览空间

基本单元：点、线、面

基本方法：围合、限定、反射

特点分析：

作品结合展览流线，以变化的狭长空间串联起多个大小不一的开敞区域，收放自如，使人在游览路径中获得不同的空间体验。运用铺设、围合、弱限定等手法丰富空间，使其层次丰富、互相渗透、灵活流动。尤其是利用镜面映像的作用，拓宽且丰富主要空间，同时利用地面铺设材质和颜色上的变化，强调空间的轴线关系。

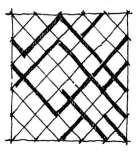

骨格网架

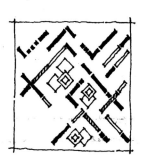

空间限定

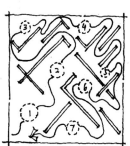

流线分析

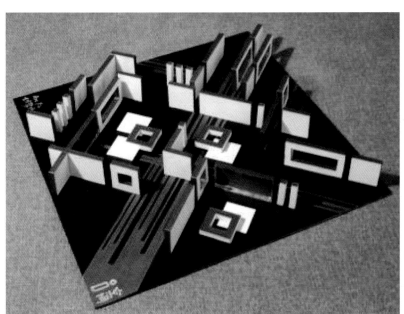

作者 胡梦丹

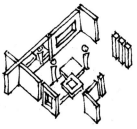

局部轴测

作业类型：展览空间

基本单元：矩形、线

基本方法：环套与重叠

特点分析：

作品特点主要表现在四个方面：（1）运用矩形环套，作环套重叠。（2）分析矩形环的主次，升起主要环作为围合展墙，次要环作为路径引导。（3）提升中心交错点，使立面出现高度变化。（4）运用不同黄色上色主次环，营造空间立体感，并加入红色线条元素，增加活跃元，使得画面活跃、醒目。

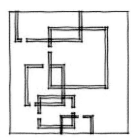

矩形环套

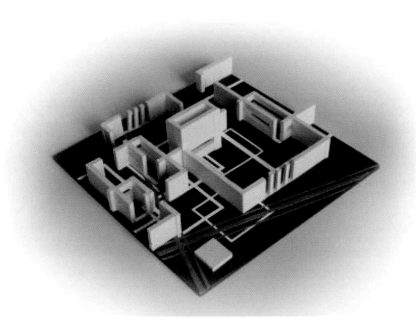

作者　刘兵

环套叠加

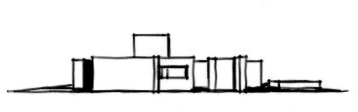

高度变化

中心提升

作业类型：展览空间

基本单元：线与面

基本方法：围合与设立

特点分析：

作品以钻石多边形单元体为母题，将小展厅、休息厅、主展厅、室外展厅有序地组织在一起，空间主次分明，流线组织顺畅。并通过材质、铺地以及限定手法的变化，控制空间的围合感，空间层次更为丰富，在行进的过程中给人以不同的空间感受。

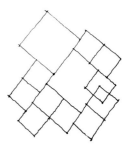

空间组织

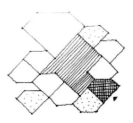

功能分区

作者　王婧殊

围合手法

展览流线

作业类型：展览空间

基本单元：竖墙、柱

基本方法：围合与扭转

特点分析：

作品以"L"型和"+"型面为单元体，通过围合、设立、凸起等空间限定手法，创造出一个主从分明、布局灵活、流线清晰的展览空间。点、线、面构成手法的成熟应用，使作品视觉效果丰富，并具有蒙德里安色彩构成的韵味。

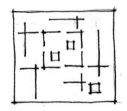

基本构成

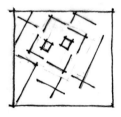

扭转错位

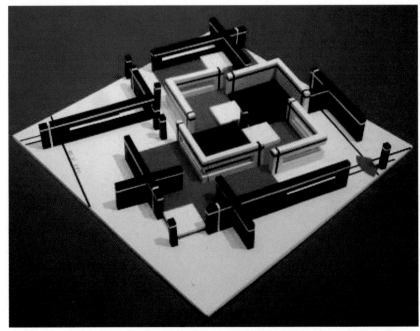

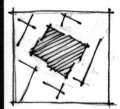

主从分布

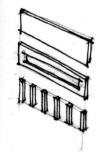

限定手法

作者 王笑竹

作业类型：展览空间

基本单元：点、线、面

基本方法：围合与扭转

特点分析：

该作品以两个方形作为主要的展览空间，并通过扭转、围合、设立等空间设计手法将其组织起来，形成一个流动且主次分明的展览空间。色彩处理上展览空间以浅色为主，辅助空间及底板以深色为主，主次分明、清晰。

基本空间

扭转嵌套

流线组织

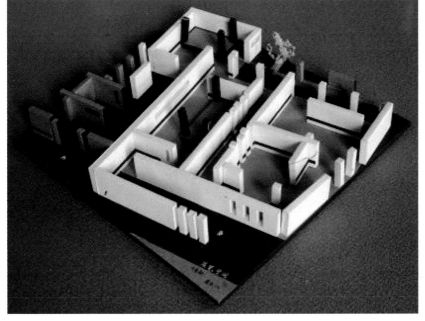

作者 许逸敏

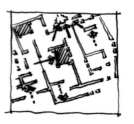

视线分析

作业类型：展览空间

基本单元：点、线、面

基本方法：围合与设立

特点分析：

利用围合、设立、铺设等手法限定空间，通过起－承－转－合的方式，使空间由狭小的线性空间转变为开敞的方形空间，最后再以线性空间收束，形成了一个流动贯通、主次分明的展览空间。在主要的展览空间周边还设计了辅助的小空间，综合运用玻璃、漏窗等立面处理方法，使空间视线通透，给人带来丰富的空间感受。

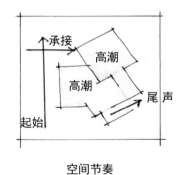

空间节奏

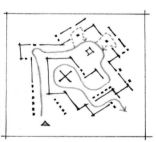

流线组织

作者 赵芸婷

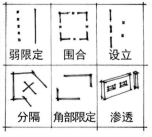

限定方式

作业类型：展览空间

基本单元：线与面

基本方法：围合、设立与升起

特点分析：

以矩形空间为母题，带状空间与矩形空间环绕交融，展览流线组织顺畅，空间主次分明。垂直面采用白墙、透明玻璃和成像效果较好的石材，增加空间的融汇性和可观赏性。中央地面抬高，作为服务、次要展览和休息区域，同时地面设计为深色，起到空间提示和暗示游客方向的作用。

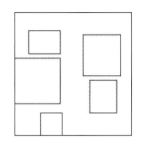

矩形主体

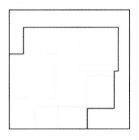

带状融合

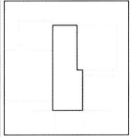

中央服务

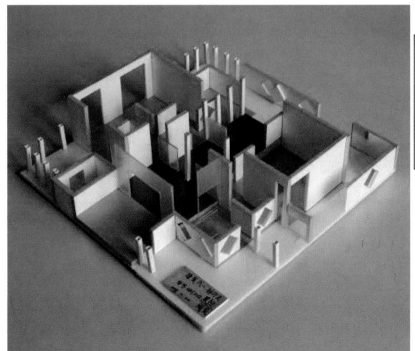

作者 钟巧灵

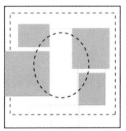

空间渗透

作业类型：展览空间

基本单元：线与面

基本方法：围合、设立与穿插

特点分析：

该作品运用线与面两种构件，以连廊形式组成中式庭院风格的展览空间。在交通流线处理方面，底层与二、三层相互交织，形成距离近、中、远与视角低、平、高的丰富观赏层次。展览空间内部光线明与暗、空间开敞与封闭、高耸与低平兼有，形成强烈对比，给人以不同的视觉与心理感受。

平面布局

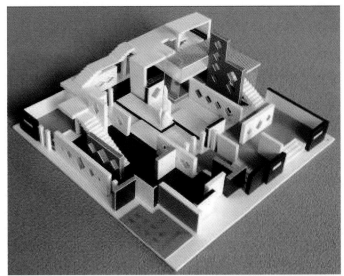

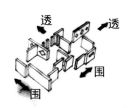

围透处理

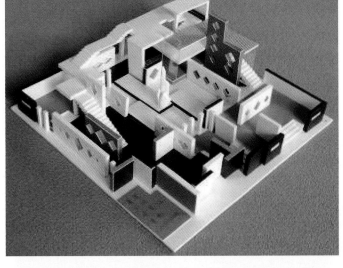

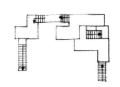

展品观赏视线

作者 曹畅

流线组织

作业类型：展览空间

基本单元：多边形

基本方法：围合与设立

特点分析：

该作品以多边形为展览空间基本单元，通过色彩与形体的组织、变化、对比，使展览空间主次分明、流线清晰、空间丰富。在限定手法上熟练运用线、面的限定和围合等手法，使空间有分有合、收放自如。

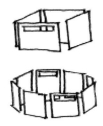

单元空间

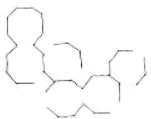

单元组合

作者 潘婧

流线关系

10 建筑形态构成应用实例

10.1 建筑中的"面"构成

平面构成在建筑中体现为平面构图和立面划分两个方面。在很多建筑中，"面"被当作典型要素而强调表现，无论是乌德勒支住宅还是吐根哈特住宅，我们不难从中发现建筑的平面、立面与现代抽象派绘画的内在联系。墙体、窗户、水池、台阶等在建筑师的脑海中都被当作"面"的构成因素，按照一定的组合规律，在建筑中加以灵活运用，创造出与古典建筑截然不同的清新简洁的面貌。其中"面"的组合规律很容易被认知，而组合的效果也都符合形式美的构图原则（图 10-1 ～图 10-8）。

图 10-1　荷兰乌德勒支住宅　里特维德

图 10-2　美国佛罗里达州某小住宅
保罗·鲁道夫

图 10-3　住宅　理查德·迈耶

图 10-4　住宅　理查德·迈耶

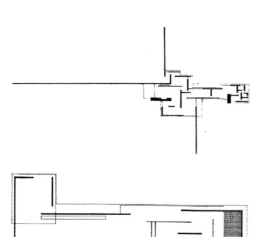

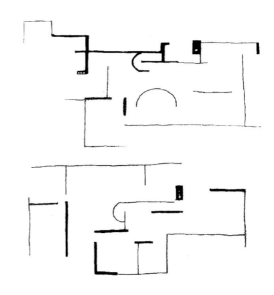

图 10-5　建筑平面构成的典型实例一
密斯·凡·德罗
（上图：乡村住宅平面　下图：巴塞罗那德国馆）

图 10-6　建筑平面构成的典型实例一
密斯·凡·德罗
（上图：吐根哈特住宅平面一层
下图：吐根哈特住宅平面二层）

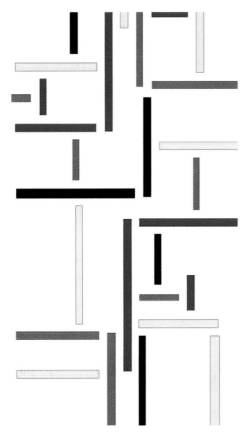

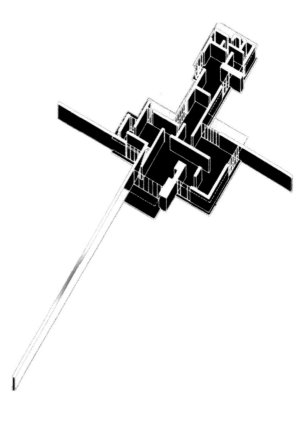

图 10-7　抽象派绘画：俄罗斯民族的舞蹈
凡·杜斯堡

图 10-8　乡村住宅轴测图　密斯·凡·德罗

10.2　建筑中的肌理效果

　　建筑肌理广泛应用于建筑物表皮、结构等各个层面之中，有平面肌理也有立体肌理。肌理的效果有助于形成连续、完整的建筑形态，并赋予建筑独特的个性和魅力（图10-9～图10-15）。

　　从窗户表面的错落、墙面装饰线条的起伏、石材面砖的迭出到建筑形体、结构构件的变化，肌理的变化呈现出从浅到深、从粗犷到精致、从细腻到张扬的多种多样的建筑表情。这些处理手法正是我们在学习世界优秀建筑作品中应当加以细细品味和认真琢磨的。

图10-9　马佳瓦里小教堂室内局部
马里奥·博塔

图10-10　玻璃形成的建筑肌理

图10-11　莫比奥住宅立面局部　马里奥·博塔

图 10-12　同济大学医学院主楼立面

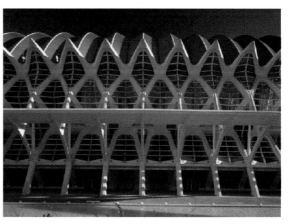

图 10-13　建筑结构肌理一　卡拉·特瓦拉

图 10-14　同济大学中德学院建筑立面肌理

图 10-15　建筑结构肌理二　卡拉·特瓦拉

10.3　建筑中的"体"构成

　　相对于纯艺术而言，建筑是大体量形体的艺术。从这个意义上讲，建筑形体是建筑形象表达的首要构成部分。建筑内部空间功能区别与差异客观上形成了外部体量的不同，而灵活利用体量的构成规则并组织协调好体量之间的韵律节奏，往往能够塑造出独特的建筑形象，阐释建筑形体艺术的丰富感染力（图 10-16～图 10-22）。

图 10-16　美国国家美术馆东馆　贝聿铭

图 10-17　香港奔达中心　保罗·鲁道夫

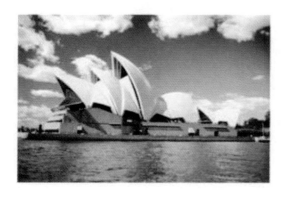

图 10-18　悉尼歌剧院　伍重

图 10-19　加拿大蒙特利尔博览会住宅
"栖息处—76"　赛夫迪

图 10-20 耶鲁大学建筑与艺术系馆
保罗·鲁道夫

图 10-21 赫尔维萨姆市政厅 杜道克

图 10-22 国外某住宅透视

10.4 并列空间

沃尔夫斯堡市文化中心是由芬兰建筑大师阿尔瓦·阿尔托设计。建筑外部形体结合室内功能，明确无误的反映出内部空间的组成关系，层次分明，韵律强烈。在建筑平面中，报告厅、教室、阅览部分围绕入口门厅依次布置，形成放射状的平面布局，对中间的庭院来说，各部分显然是并列的关系。而在报告厅部分，最大的报告厅与各个练习厅也是相互并列的关系，每个厅的地位都是均等的，并不因为报告厅的面积最大而显得地位更特殊（图 10-23 ～图 10-25）。

图 10-23 沃尔夫斯堡市文化中心
阿尔瓦·阿尔托

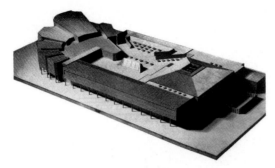

图 10-24　沃尔夫斯堡文化中心建筑图

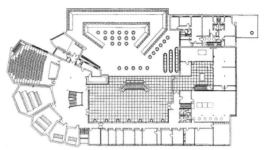

图 10-25　沃尔夫斯堡文化中心二层
平面图

理查德医学研究楼是建筑大师路易斯·康的代表作之一，共分为两期建设。

一期平面中，各研究室围绕着楼内电梯核心依次布置，其平面构成为风车状。彼此之间相互独立，形成并列空间关系；二期增加了两处塔楼，空间亦与原有建筑产生了序列关系。

建筑形体直白地反映出内部空间的组成关系，彼此之间相互独立，形体交代干脆利落，是现代建筑作品经典之作（图 10-26～图 10-30）。

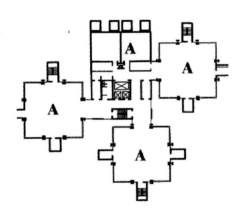

图 10-26　理查德医学研究楼一期标准层平面图

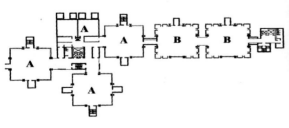

图 10-27　理查德医学研究楼一、二期标准层平面图　　图 10-28　理查德医学研究楼透视 路易斯·康

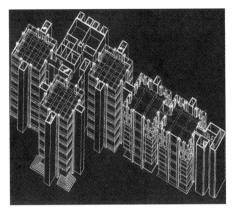

图 10-29 理查德医学研究楼透视二
路易斯·康

图 10-30 理查德医学研究楼轴测

10.5 序列空间

　　鹿野苑博物馆属于典型的序列空间组织方式。整体序列由室外开始，经坡道、灰空间、缓缓步入室内。各层展室之间关系紧密，其交通联系空间寓于使用空间之内，相互串联、直接相通，具有良好的连贯性。

　　建筑形体干净、整洁，虚实对比强烈，规则的体块变化富于节奏性，体现出建筑内敛、深厚的文化底蕴（图 10-31 ～图 10-35）。

图 10-32 鹿野苑石刻博物馆透视二 刘家琨

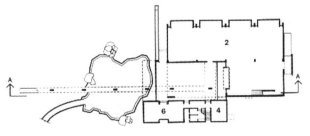

图 10-31 鹿野苑石刻博物馆透视一 刘家琨

图 10-33 鹿野苑石刻博物馆一层平面图

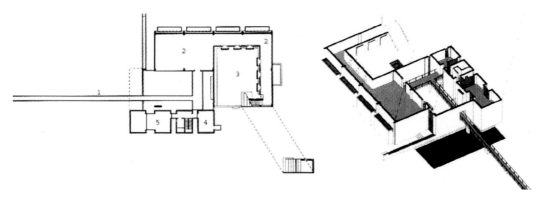

图 10-34 鹿野苑石刻博物馆二层平面图   图 10-35 鹿野苑石刻博物馆轴测图

宗教建筑往往有着鲜明的布局轴线，形成类似于序列的空间格局。

康达立耶·玛哈迪瓦神庙内部流线从入口大台阶开始，经入口、大厅至穹窿中心，空间序列布局收放有致、严整大气。

建筑形体起伏跌宕，从体量上鲜明反映出内部空间等级、气氛的差异，形成完整、突出的建筑形象（图 10-36～图 10-39）。

图 10-36 康达立耶·玛哈迪瓦神庙立面

图 10-37 康达立耶·玛哈迪瓦神庙透视

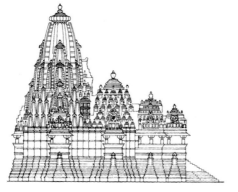

图 10-38 康达立耶·玛哈迪瓦神庙立面图

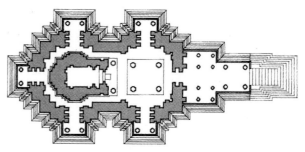

图 10-39 康达立耶·玛哈迪瓦神庙平面图

10.6 主从空间

　　圣索菲亚大教堂是建筑主从空间关系的代表作之一。建筑内部空间呈对称形式，中央轴线形成建筑内部的核心空间，其正中高大穹顶笼罩的区域是核心中的重点部位。两侧建筑对称布置，体量较中部低矮，有力烘托出建筑主要使用空间的神圣气氛。在外部形体上，四个小钟塔如众星捧月般拱卫着教堂主体（图10-40～图10-44）。

图 10-40　圣索菲亚大教堂透视

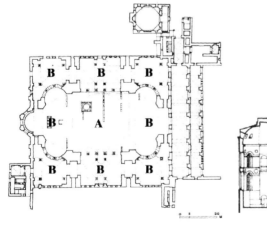

图 10-41　圣索菲亚大教堂平面图

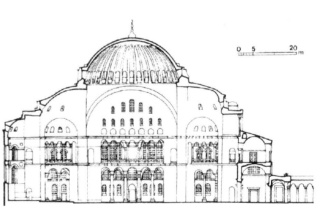

图 10-42　圣索菲亚大教堂剖面图

图 10-43　圣索非亚大教堂内景一

图 10-44　圣索非亚大教堂内景二

泰姬玛哈陵墓亦是一个典型的主从空间实例。建筑主体平面为方形，中心对称式构图，平面正中是主要纪念性空间，其上覆盖着巨大的穹顶，四周布置为尺度、位置都稍显逊色的次要空间，其顶部覆盖较小的穹顶。建筑空间关系在外部体形中也有鲜明对应表达。

图 10-45　泰姬玛哈陵透视

建筑主体外围设四处高塔，高耸挺拔的体量与中部庄重、典雅的主体亦形成建筑群外部空间中的主从关系，进一步强化建筑的纪念性主题（图 10-45～图 10-49）。

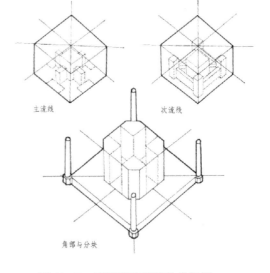

图 10-46　泰姬玛哈陵形体分析图一　　　　图 10-47　泰姬玛哈陵形体分析图二

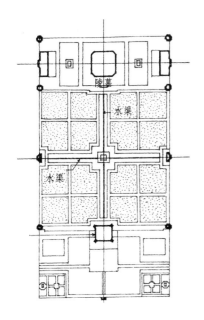

图 10-48　泰姬玛哈陵总平面图

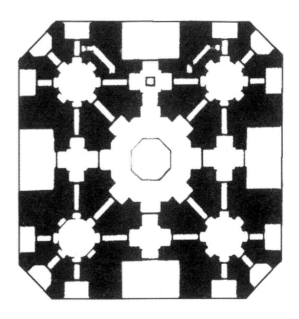

图 10-49　泰姬玛哈陵平面图

10.7　形态构成手法与建筑审美评价

　　空间序列是设计建筑当中必不可少的组织手法，甚至可以说在每个建筑中都有所包含，只不过在核心空间的组织构成手法上有所不同而已。建筑是一个有机整体，因此在进行多种空间、多种构成手法的组合时，必须以突出整体美感作为主要目的，而不能片面地强调局部。对建筑整体美感的评价是决定建筑品位的重要依据，而建筑整体美感的评价，则主要从如下几个方面来考虑。

① 悦目。这是最起码的要求，一般的建筑要求比例协调，否则就只能说是一项工程而不是建筑了。

② 强烈的视觉冲击力。这样的建筑往往都具有非常突出的造型、色彩和空间，个性强烈，能够给人留下深刻的视觉印象。在这样的建筑中进行体验是一种奇妙的过程，它能够强烈感染参观者情绪，使之获得各种不同的主观精神体验——或震撼、或惊叹、或欢悦、或迷幻、或敬畏、或惊悚……从而留下难以忘记的记忆。例如悉尼歌剧院、巴黎德方斯门、毕尔巴鄂古根汉姆美术馆、北京鸟巢和水立方等。不管其他方面如何，它们通常都能成为所在城市或地段的标志。

③ 文化内涵。这是建筑设计最理想的境界，在新建的建筑当中恰如其分地体现文化的精髓是非常重要的，所以建筑师要注重加强自己的文化修养，提高审美能力。

对于建筑学学生来说，通过形态构成课的学习训练，要能够对"美"的本质及其规律有所认识，要能分辨美、评价美、设计美，最终达到手眼协调、融会贯通。脑子想到哪里，手就能设计到哪里，眼就能校正到哪里，这才是建筑学教育的根本目标。本书正是以此根本目标为目的而展开，致力于建筑学学生审美素质及设计能力的真正提高。

参 考 文 献

[1] 吴焕加．20 世纪西方建筑史 [M]．郑州：河南科学技术出版社，1998．

[2] 汝信．全彩西方建筑艺术史 [M]．银川：宁夏人民出版社，2002．

[3] 若弗雷·H·巴克著．王玮，张宝林，王丽娟译．建筑设计方略——形式的分析 [M]．北京：中国水利水电出版社，知识产权出版社．2005．

[4] 王中军，毛开宇．建筑构成 [M]．北京：中国电力出版社．2004．

[5] 汪江华．形式主义建筑 [M]．天津：天津大学出版社．2004．

[6] 埃兹拉·斯托勒著．汪芳译．耶鲁大学艺术与建筑系馆 [M]．北京：中国建筑工业出版社，2001．

[7] 卡尔·弗雷格著．王又佳，金秋野译．阿尔瓦·阿尔托全集（第二卷·1963-1970 年）[M]．北京：中国建筑工业出版社，2007．

[8] 詹卢卡·杰尔米尼著．王宝泉译．阿尔瓦·阿尔托 （世界著名建筑大师作品点评丛书）（景观与建筑设计系列）[M]．大连：大连理工大学出版社，2008．

[9] 《大师》编辑部．路易斯·康 [M]．武汉：华中科技大学出版社，2007．

[10] 原口秀昭著．徐苏军，吕飞译．路易斯·I·康的空间构成 [M]．北京：中国建筑工业出版社，2007．

[11] 西理尔·曼戈著．张本慎译．拜占庭建筑 [M]．北京：中国建筑工业出版社，2000．

[12] 小林克弘著．陈志华，王小盾译．建筑构成手法 [M]．北京：中国建筑工业出版社，2004．

[13] 康定斯基．点、线、面——抽象艺术的基础 [M]．上海：上海人民美术出版社，1988．

[14] 鲁道夫·阿恩海姆．艺术与视知觉 [M]．北京：中国社会科学出版社，1984．

[15] 格林高里著．彭冉令译．视觉心理学 [M]．北京：北京师范大学出版社，1985．

[16] 德卢西奥·迈耶著．李玮，周小涛译．视觉美学 [M]．北京：中国建筑工业出版社，1990．

[17] 托伯特·哈姆林著．邹德侬译．建筑形式美的原则 [M]．北京：中国建筑工业出版社，1982．

[18] 彭一刚．建筑空间组合论 [M]．北京：中国建筑工业出版社，1998．

［19］ 布鲁诺·赛维．建筑空间论 [M]．北京：中国建筑工业出版社，1985.

［20］ 田学哲，俞靖芝，郭逊等．形态构成解析 [M]．北京：中国建筑工业出版社，2006.

［21］ 滕守尧．审美心理描述 [M]．北京：中国社会科学出版社，1987.

［22］ 同济大学建筑系建筑设计基础教研室．建筑形态设计基础 [M]．北京：中国建筑工业出版社，2006.

［23］ 田学哲．建筑初步 [M]．北京：中国建筑工业出版社，1999.

［24］ 丁沃沃，张雷，冯金龙．欧洲现代建筑解析：形式的逻辑 [M]．南京：江苏科学技术出版社，1998.

［25］ 冯金龙，张雷，丁沃沃．欧洲现代建筑解析：形式的建构 [M]．南京：江苏科科学技术出版社，1999.

［26］ 理查德·威斯顿．建筑大师经典作品解读 [M]．大连：大连理工大学出版社，2006.

［27］ Elissa Aalto etc. AlVAR AALTO[M]. Birkhauser-Verlag fur Architektur，1999.

［28］ Massimo Vignelli.Richard. Meier Architect[M]. Rizzoli Internation Publications Inc，2001.

［29］ Einz Ronner etc. Louis I.KAHN Complete Work 1935-1974[M]. Institute for the History and Theory of Architecture，The Swiss Federal Institute of Technology Zurich，1994.